中央宣传部　新闻出版总署　农业部
推荐“三农”优秀图书

无公害农产品高效生产技术丛书

草　莓

秦　旭　主编

中国农业大学出版社

主　　编　秦　旭

副 主 编　刘冠义　东明学　张荣保　李彩玲

编写人员　（以姓氏笔画为序）

东明学　刘冠义　李彩玲　李　康　李　静
张荣保　张　明　范崇惠　秦　旭　傅洪涛

无公害农产品高效生产技术丛书编委会

致读者

尊敬的读者朋友：

您好！您面前的这本书是我们精心为您准备的，是我社出版的“无公害农产品高效生产技术丛书”中的一种。这套丛书是我社成立20年来在农业科技实用图书领域出版成果的一个缩影。丛书体现了我们对广大读者的真情实感，是我们为“三农”服务的又一具体行动。

本套丛书以无公害品质和高效生产技术为切入点，将市场需求、政府倡导与农业生产者的切身利益高度结合，将无公害农产品生产技术有关的理论贯穿于实际操作技术之中，以达学以致用之根本目的，尤其在体例上集各家所长，创立了比较适合读者阅读的全新体例。归纳起来主要有3个特点：

1. 创立全新体例，方便读者阅读

站在读者的角度创立全新的体例，通过设置有关栏目使读者轻松阅读，并较快掌握所需要的知识。首先，在每章前设置了200～300字的“阅读指南”栏目，向读者介绍本章内容的重点，阅读的方法，学习的目的与要求等。其次，在每章后设置了5道左右“提示问答”题。这些题目以生产中经常遇到的，或模棱两可，或熟视无睹，但对生产实际颇有影响的技术问题或现象为主要内容。问题的设置能促使读者深入思考有关技术问题，继而对自身日常的操作予以审视、参照，从而较快掌握相关技术。

2. 以实用性为根本要求，适当讲授相关理论

本套丛书以无公害生产实用技术为主要内容，打破农业科技图书“只讲操作，不讲理论”的模式，力求使理论通俗化。主要体现在3个方面：①理论的阐述以技术内容的需要为原则，以有利于读者确实掌握相关技术，提高灵活处理生产实际中遇到问题的能力。②强化理论的阐述与实际操作技术的融合，提高读者学习相关理论的自觉性和积极性。③尽量避免使用专业词汇，而更多地采用读者惯用的语言和方式。

3. 以国家标准或行业标准为依据，技术内容系统、科学、规范

本套丛书以国家标准(GB)或农业行业标准(NY)为依据，系统地阐释了相关农产品无公害生产技术，具有很高的可信度和权威性，尤其是对有关技术要点的分析，颇具实用价值，使规范技术普及化，为生产者提高产品质量，获得更高的效益提供技术支持和保障。

2005 年是全国全面推进“无公害食品行动计划”最关键的年头，值此我们推出这套“无公害农产品高效生产技术丛书”旨在紧密配合此计划，更广泛深入地开展无公害食品行动，满足广大读者对无公害农产品生产技术的深层次需求，为全面提高我国农产品质量安全水平和市场竞争力，做出我们的贡献。

中国农业大学出版社

2005 年 8 月

前　言

我国是世界草莓生产大国，面积和产量分别位居世界第一和第二位，2004 年全国草莓栽培面积、产量达到 7 万 hm^2（105 万亩）和 70 万 t，分别占世界草莓栽培面积、总产量的 32.7％和 22.6％。

由于草莓具有结果快、成熟早、周期短、营养价值高等特点，是一种收益快、获利早、经济价值较高的果树种类，颇受生产者和消费者欢迎，因此我国草莓产量有了大幅度的提高。尤其是近十几年，随着草莓主产区品种的不断优化、栽培技术不断改进、栽培形式不断丰富，草莓基本上实现周年供应的同时，质量也显著提高，出口量不断增加。但是，由于农业投入（农药、化肥等）的不合理使用，工业三废和城市垃圾的不合理排放，市场准入制度不完善以及市场监督管理不严等，导致草莓果实中有害物质和农药残留超标现象较为普遍，使草莓的食用安全性难以保证，影响了我国草莓产业的持续健康发展。

为从根本上解决农产品质量安全，全面提高农产品质量，国家农业部于 2001 年在全国范围内组织实施了“无公害食品行动计划”，对包括草莓在内的食用农产品实施“从农田到餐桌”的全过程监管，以逐步实现农产品的无公害生产、加工和消费。同时，2002 年以来，农业部相继发布了《无公害食品　草莓》、《无公害食品　草莓生产技术规程》和《无公害食品　草莓产地环境》等国家标准，无疑将对我国草莓无公害生产产生强大的推动力。

本书以指导无公害草莓生产、提高无公害草莓贮藏保鲜效果、扩大无公害草莓综合利用为宗旨，突出无公害生产的新成果、新技术与传统经验和常规技术的有机结合。针对生产实际和读者需要，系统介绍了无公害草莓生产的产前、产中和产后系列实用技术。全书以无公害生产技术为主线，内容新颖，重点突出，技术先进，科学实用，浅显易懂，适合从事无公害草莓生产、加工的科技人员和广大果农及果树爱好者阅读参考。本书在编写过程中，借鉴了多位同行的文章和书籍，在此表示感谢，由于篇幅有限，不一一列出，敬请谅解！

由于水平和时间所限，书中多有缺点和不足之处，敬请广大读者批评指正。

编　者

2006 年 3 月

目　录

第一章

无公害草莓概述

阅读指南　本章共分4部分，首先分别介绍了世界和我国草莓生产现状，包括面积和产量情况及生产中存在的问题；其次从营养、药用和食用等方面介绍了草莓经济价值；再次介绍了无公害食品的发展；最后阐述了草莓经济效益，从国内外市场的需求分析了无公害草莓的发展前景，并指出了今后草莓生产发展的方向。

一、国内外草莓生产现状

草莓是一种宿根性的多年生草本植物，它结果快、成熟早、易繁殖、周期短、病虫害少、管理方便、营养价值高、适合加工利用，是一种收益快，得利早，经济价值较高，颇受生产者和消费者欢迎的时令果品。

（一）世界草莓生产现状

草莓的栽培始于14世纪的欧洲，法国是草莓栽培最早的国家，1750年在法国育成的大果草莓——凤梨草莓，是近代草莓品种的祖先。目前，栽培的优良品种大多出自该种，或该种与其他种杂交产生的后代。

2004年，世界上草莓栽培面积达到21.4万hm^2。面积最大的国家是波兰（6.39万hm^2），其次是美国（1.93万hm^2）、德国（0.96万hm^2）、西班牙（0.90万hm^2）、南斯拉夫（0.87万hm^2）、土耳其（0.86万hm^2）、日本（0.73万hm^2）、韩国（0.73万hm^2）、意大利（0.69万hm^2）、墨西哥（0.60万hm^2）、乌克兰（0.60万hm^2）等。由于统计上的原因，中国上报联合国粮农组织（FAO）的草莓产量和面积数远远小于实际数字，实际上目前中国的草莓面积已达到7万hm^2，超过波兰，居世界第一位，而年产量已达到70万t，接近美国，居世界第二位。世界各国草莓单位面积产量最高的国家是以色列，每公顷达44.0 t（FAO统计取2000—2001年两年的平均值），其次是美国每公顷41.04 t。居第三、四、五位的分别是比利时40.0 t/hm^2、墨西哥39.3 t/hm^2、西班牙35.2 t/hm^2。

2004年，全世界草莓的总产量已突破310万t，其中主产区是欧洲，其次是美洲和亚洲。产量排行前十位的是美国（约为79.9万t，占世界产量的25%）、中国（70万t）、波兰（25万t）、西班牙（23万t）、日本（21万t）、意大利（16万t）、俄罗斯（13万t）、韩国（11万t）、德国（11万t）、法国（9万t）。平均产量以美国和西班牙最高，每667 m^2 2.5 t，这两个国家具有品种更新快、现代化生产技术高和大规模集约经营的特点，美国加利福尼亚州每个草莓种植户经营面积在20 hm^2以上。总的看欧洲以露地栽培为主，日、韩以保护地促成或半促成栽培为主，美国目前保护地草莓发展也很快，反季节栽培面积逐年增加，反季节进口草莓逐年减少。

世界各大洲中，欧洲草莓产量最高，占全世界总产量的43.4%，其次是北美洲，占30.4%，亚洲产量占17.4%。非洲（5.8%）、南美洲（2.3%）、大洋洲（0.7%）三个洲总量所占比例不到10%。欧洲的栽培面积占全世界的68.8%，北美洲占13.0%，亚洲占12.3%，非洲占3.2%，南美洲占2.2%，大洋洲占0.4%。从单位面积的产量来看，北美洲远高于欧洲及其他各洲。

欧洲的草莓产量总体上在增加,已从 1992—1993 年的 119.3 万 t 增加到 2000—2001 年的 137.7 万 t,法国和英国的产量近几年有所下降。目前,西班牙是欧洲草莓生产量最大的国家,2000—2001 年平均达到 33.9 万 t。波兰的栽培面积最大,2001 年的栽培面积为 65 754 hm^2,但单产较低。栽培面积在 5 000 hm^2 以上的欧洲国家有波兰、俄罗斯、德国、西班牙、南斯拉夫、土耳其、意大利、乌克兰、法国。波兰和俄罗斯及乌克兰生产的草莓主要用于冷冻加工或制果酱,而波兰是全世界出口冷冻草莓最多的国家。西班牙、意大利、法国等国家生产的冷冻加工草莓在数量上有所下降,以鲜食草莓为主。

北美洲的草莓产量也呈上升趋势,从 1992—1993 年的 73.1 万 t 增加到 2000—2001 年的 96.4 万 t。主产国有美国、加拿大和墨西哥,生产的草莓主要用于鲜食。北美洲的产量主要来自美国,加州是美国最大的草莓产区。墨西哥的草莓产量在北美洲居第二位,2000—2001 年的产量达 13.4 万 t,主要出口到美国。加拿大的草莓生产呈下降趋势,产量已从 3.4 万 t 降到 2.4 万 t,栽培面积也从 5 000 hm^2 减少到 4 000 hm^2,魁北克和安大略是加拿大草莓生产最大的省份,面积达 2 500 hm^2 以上。

亚洲的草莓主产国是日本和韩国,主要采用温室和大棚进行保护地生产,以鲜食为主。日本草莓主产区是关东、关西、四国、九州和东海,这些地区多集中在气候较温暖的地方。日本和韩国用于加工的冷冻草莓主要靠进口。但近十年来,随着中国草莓生产的迅速崛起,面积迅速扩大,亚洲将逐渐成为世界草莓的主产地。

非洲的草莓生产发展很快,栽培面积在 1992—2001 年间成倍增长。尤其是摩洛哥利用其温暖湿润的地中海式气候条件,大力发展草莓产业,在 1992—2001 年 10 年间栽培面积增加了近 5 倍,并一跃成为非洲草莓产量最大的国家。埃及是非洲草莓栽培面积最大的国家,最近几年从美国引进了优质高产新品种,提高了种植利润,栽培面积也逐年增加,2000—2001 年达到 2 685 hm^2,生产的草莓主要向欧洲和海湾国家出口。

世界各国的草莓生产在发展趋势、栽培面积、栽培形式、栽培品种、销售和加工等方面都有各自的特点。在过去的20年中，西班牙、韩国和美国的草莓产业稳步发展，日本、意大利和波兰在20世纪七八十年代迅速增加后，在以后的10年中逐渐下降。

（二）我国草莓生产现状

1. 栽培面积与分布　我国是世界上草莓野生资源最丰富的国家，很早就开始利用野生草莓，并一直沿袭至今，在东北主要采摘东方草莓和森林草莓，在西北主要利用绿色草莓、纤细草莓和五叶草莓，在西南主要利用黄毛草莓和西藏草莓。我国的大果草莓栽培始于1915年，但过去未受到重视，发展缓慢。解放后，草莓栽培面积也曾几起几落。20世纪80年代以来，随着农村经济政策的落实，在一业为主、多种经营方针的指导下，草莓生产有了迅速的发展。根据全国第四次草莓研究会资料，中国目前草莓生产面积约7万 hm^2，比20世纪90年代初的8 000 hm^2增加了近9倍，面积居世界第一位。全国大部分省、市、自治区都有种植，其中主要产地分布在辽宁、河北、山东、江苏、上海、浙江、等东部沿海地区，近几年四川、安徽、新疆、北京等地区发展也很快。重点草莓产区是辽宁丹东、河北保定、山东烟台、上海郊区、四川双流、江苏连云港等。

2. 栽培品种与产量　20世纪80年代初期，我国从欧美、日本引入的优良品种在生产上迅速取代了过去的老品种，成为生产上的主栽品种。如河北保定的主栽品种为全明星，近年来丰香和静宝的栽培面积正逐步扩大；辽宁丹东的主栽品种为吐德拉（Tudla）和鬼怒甘；江浙和上海一带以日本品种丰香和宝交早生为主；山东烟台也以日本品种丰香和宝交早生为主；四川双流的主栽品种为日本品种丰香。我国自育的品种明晶、明磊、硕丰、星都1号和星都2号在生产上也有一定的栽培面积。目前我国草莓品种更新速度较快，并且走向多样化，不再是某一品种一统天下。

现在我国草莓年产量约70万t，仅次于美国居世界第二位，虽然我国较多农户创造了每667 m^2 达到或超过了5 000 kg的纪录，但与世界草莓生产先进国如美国、日本和意大利等相比，平均单产仍较低。露地栽培每667 m^2 产量为500～1 500 kg，拱棚产量一般为750～2 000 kg，日光温室栽培全明星的产量一般为1 500～2 000 kg，栽培弗杰尼亚的产量一般为2 000～3 000 kg。单位面积产量与品种、作型、栽培技术、气候条件等因素有关。

3. 栽培形式与制度　20世纪80年代以后，随着种植业结构的调整，草莓的保护地栽培发展较快，从单一的露地栽培，发展成90年代中后期小拱棚、中棚、钢管大棚等多种设施栽培方式，目前我国草莓以日光温室促成栽培、早春大中拱棚半促成栽培和露地栽培三种形式生产，其比例约为3∶5∶2。南方以半促成为主，北方则三种形式并行发展。草莓鲜果供应期也由20多天(4月下旬至5月上旬)延长至6个月以上(11月份至翌年6月份)，填补了淡季果品市场的空白，较好地丰富了水果市场，为节日的供应、满足人们的需求提供了保障；同时，也为农民的增收、农业的增效开辟了新的途径。

我国许多地方因地制宜，将草莓与其他作物轮、间、套作，走出了一条增加收入的好路子，如实行草莓与水稻、蔬菜轮作，草莓与幼龄果树、玉米间作，草莓与棉花、蔬菜套种，取得了良好的效果。

4. 栽培技术与措施　为了取得更高的经济效益，一些增产、优质、省力的技术措施也在棚室保护地栽培中得到了推广应用。目前我国在日光温室和塑料大棚中较普遍应用的技术措施有以下几个方面。

(1)放养蜜蜂授粉　我国日光温室和塑料大棚中基本上实现了每棚一箱蜂，蜜蜂授粉对减少畸形果数量、促进果实的生长发育有良好的作用。

(2)喷施赤霉素　为了打破休眠、促进生长发育、提早开花结果，许多农户都采用喷施赤霉素的方法。但也常有农民因使用不当造成只抽序开花却坐果不良的现象。

(3)假植育苗　采子苗至苗床上进行假植育苗再移栽到大棚或温

室，能获得整齐一致的壮苗，为丰产打下了基础。也有农户采用健壮苗提前定植于大棚或温室的方法，也有较好效果。

(4)加温与电照补光　在棚室栽培中，尤其是北方日光温室栽培中，冬季低温易使植株进入休眠或使花果受冻，而光照不足会使生长发育及坐果不良。实践证明，冬季棚室栽培中加温补光可促进生长发育，增加产量，减少畸形果数量。在日本，塑料大棚中使用温风机加温和电照补光已十分普及。

(5)安装滴灌设备　草莓根系浅，苗期及花果期需水量大，并且在棚室栽培中普遍采用垄栽，垄间需经常走动，因此不宜沟灌或漫灌。现在滴灌系统正被越来越多的草莓种植户所采用，它节水、省力、经济、有效，还可在花果期随水补肥，是一项值得大力推广的措施。

(6)疏花疏果　日光温室和塑料大棚栽培草莓时抽生花序多、结果时间长，因此不断疏除高级序的无效小花有利于低级序果实的增大。

此外，二氧化碳气肥装置在全国部分地区、卷帘机在东北地区日光温室栽培中也得到了一定的应用。

5.*存在的主要问题*　虽然我国草莓生产发展较快，但产量和总体生产水平与发达国家相比，还存在一定的差距。主要表现在以下几个方面。一是目前虽然品种较多，但生产栽培的品种仍较单一，不能较好地满足市场需求；盲目引种、未经区域化试验就推广现象普遍；国内草莓科研和育种工作跟不上生产发展。二是无病毒苗繁殖体系尚未建立或不完善，多数是农户自繁自育，反复留种，致使种苗退化，病虫害滋生蔓延。三是栽培模式单一，产期调节技术不当，果实成熟期过于集中，在同一地区同一时间内容易造成供过于求，销售困难。四是栽培中片面追求产量，农药、化肥、植物生长调节剂等应用不合理，果实的农药残留、激素等有害物质时有超标现象。五是生产和流通渠道缺乏有效的组织管理，产业化水平低；新技术、新品种推广应用慢；采后包装和贮运保鲜滞后，商品果率；草莓深加工发展慢。

二、草莓经济价值

草莓属蔷薇科，是多年生常绿草本植物，又称洋莓、地果、地莓、风梨草莓等，在园艺上属浆果类果树。

草莓果实鲜嫩多汁、郁香酸甜、风味独特，含糖5%～12%，含酸0.6%～1.6%，含蛋白质0.4%～0.6%，还含有维生素B、维生素C和铁、钙、磷等多种营养成分，是老幼皆宜的上乘水果。草莓不但鲜食可口，也可以加工成多种食品，是人们生活中日益青睐的保健、营养、适口佳品。草莓在药理上性味平、酸、甘，功效清肺化痰、补虚补血、健胃降脂、润肠通便。食用草莓能促进人体细胞的形成，维持牙齿、骨、血管、肌肉的正常功能和促进伤口愈合，能促使抗体的形成，增强人体抵抗力，并且还有解毒作用。草莓中含有抗癌的异蛋白物质，能阻止致癌物质亚硝胺的合成。草莓含有多种有机酸、果酸和果胶类物质，能分解食物中的脂肪，促进食欲，帮助消化，促进消化液分泌和胃肠蠕动，排除多余的胆固醇和有害重金属。食用草莓对冠心病、高血压、高血脂、动脉硬化、便秘、贫血、肺结核、气虚、消化不良、暑热烦渴、糖尿病、小便频数、遗精遗尿等多种病症有治疗作用。草莓及其制品更是孕妇和老年人不可多得的保健食品。草莓是多年生草本植物，具有较高的经济价值。草莓植株矮小，呈平卧丛状生长，高度一般在30 cm左右。在世界小浆果生产中，草莓的产量及栽培面积一直居领先地位。

草莓的药用保健作用堪称上品，中医认为，草莓性味甘、凉，入脾、胃、肺经，有润肺生津，健脾和胃，利尿消肿，解热祛暑之功，适用于肺热咳嗽，食欲不振，小便短少，暑热烦渴等。草莓中丰富的维生素C除了可以预防坏血病以外，对动脉硬化、冠心病、心绞痛、脑溢血、高血压、高血脂等，都有积极的预防作用。草莓中含有的果胶及纤维素，可促进胃肠蠕动，改善便秘，预防痔疮、肠癌的发生。草莓中含有的胺类物质，对白血病，再生障碍性贫血有一定疗效。

草莓的吃法比较多，常见的是将草莓冲洗干净，直接食用，或将洗净的草莓拌以白糖；草莓除鲜食外，还是食品工业的重要原料，能加工成多种优质加工品，如草莓酱、草莓汁、草莓罐头、草莓蜜饯等，还可作为多种冷饮、糕点、糖果的添加物。另外，由于外销需求的增加，草莓速冻出口已成规模，为草莓鲜果的利用提供了一条途径。

三、无公害食品的发展

（一）无公害食品的发展

无公害食品是20世纪90年代在我国农业和农产品加工领域提出的一个全新概念，指产地生态环境清洁，按照特定的技术操作规程生产，将有害物含量控制在规定标准内，并由授权部门审定批准，允许使用无公害标志的食品。

2002年出台的《无公害农产品管理办法》所称无公害农产品，是指产地环境、生产过程和产品质量符合国家有关标准和规范的要求，经认证合格获得认证证书并允许使用无公害农产品标志的未经加工或者初加工的食用农产品。

起初无公害食品、绿色食品、有机食品并没有明确的界限，只是进入21世纪国家无公害农产品标准公布之后，人们才逐渐认识到当代农产品生产需要由普通农产品发展到无公害农产品，再发展至绿色食品或有机食品，绿色食品跨接在无公害食品和有机食品之间，无公害食品是绿色食品发展的初级阶段，有机食品是质量更高的绿色食品。

在农产品安全质量的国家标准发布实施之前，山东、陕西、江苏、河北、天津、上海等地方省市都在自发地进行着无公害食品生产的实践活动，制定了大量无公害食品的地方标准，出台了许多行之有效的无公害食品操作规程，并颁布认证了一大批无公害农产品。

2001年9月，农业部公布了首批73项无公害农产品行业标准，重点突出了蔬菜、水果、茶叶等15种“菜篮子”产品。标准内容包括产品产地环境条件、生产技术规范、产品质量安全标准以及相应检测检验方法标准。按照标准类型划分，产品质量安全标准25项，配套的生产技术规程标准38项，产地环境标准10项；按照行业划分，种植业产品26项，畜产品24项，水产品23项；按照标准实施的属性划分，强制性标准48项，推荐性标准25项。为了突出无公害农产品标准的重要性，农业部特别单独设立无公害食品NY 5000系列行业标准。这些标准于2001年10月1日在全国范围内开始实施。

在农业部公布首批无公害农产品行业标准的同时，国家质量监督检验检疫总局批准发布了8项关系到农产品安全质量的国家标准，也于2001年10月1日开始实施。这8项国家标准包括蔬菜、水果、畜禽肉、水产品4类农产品，每一类农产品都有"安全要求"和"产地环境要求"两个标准。其中包括GB 18406.2—2001《农产品安全质量无公害水果安全要求》和GB/T 18407.2—2001《农产品安全质量无公害水果产地环境要求》2项标准。标准中关于"安全要求"的4项标准是强制性的，关于"产地环境要求"的4项标准是推荐性的。这些标准的发布实施将对我国水果尤其是苹果的绿色无公害生产起到巨大的推动作用。

2002年4月29日农业部、国家质量监督检验检疫总局联合发布实施《无公害农产品管理办法》，该办法对无公害农产品产地条件与生产管理、产地认定、无公害农产品认证、标志管理、监督管理、罚则等作了具体规定。

(二)无公害食品、绿色食品和有机食品的相互关系

无公害食品、绿色食品和有机食品(标志见图1-1、图1-2和图1-3)都是以环保、安全、健康为目标的食品，代表着未来食品发展的方向；三者从食品基地到生产，从加工到上市都有着严格的标准要求，都依法实行标志管理。

1.有机食品　最重要的一个区别就是标准的要求，有机食品标准具有国际性，要求最高、最严格，生产难度最大；无公害食品标准要求最低，更适合我国当前的农业生产发展水平，对于多数生产者来说，比较

图 1-1

图 1-2

图 1-3

容易达到。

有机食品更加注重生产过程，在其生产和加工中绝对禁止使用农药、化肥、激素、转基因产品等人工合成物质；无公害食品允许有限制地使用农药、化肥等人工合成的物质和转基因产品。

有机食品更强调环境的安全性，突出人类、自然与社会的持续和协调发展，从常规生产系统向有机生产转换需要一定时间的转换期，有机生产系统与非有机生产系统之间要有界限明显的过渡地带；无公害食品没有这些要求，标准中列出的有害物不超标就可以进行无公害生产。

有机食品是一类纯天然，完全没有污染的食品，被称为“纯而又纯”的食品，价格最高，有着巨大的国际市场和潜在的国内市场，在国际市场上竞争力更强；无公害食品允许存在有害物残留，只要不超过标准规定就可以使用无公害食品标志，更适合当前国内消费市场，还不能在国际上通行。

有机食品是世界各国普遍认同的名称，国际有机农业运动联合会(IFOAM)、欧洲联盟、美国及其他许多国家都有相应的有机食品标准，我国有机食品标准是严格与国外有机食品接轨的，我国的有机食品在国外基本上能够被认同；无公害食品标准是我们国家自己的农产品安全质量标准，无公害食品进入国际市场尚需进一步检验认证。

有机食品在我国由国家环境保护总局有机食品发展中心(OFDC)负责检查、认证；无公害食品由国家质量监督检验检疫总局负责检查、认证。

2. 无公害食品　无公害食品注重产品的安全质量，其标准要求不是很高，涉及的内容也不是很多，适合我国当前的农业生产发展水平和国内消费者的需求，对于多数生产者来说，达到这一要求不是很难。当代农产品生产需要由普通农产品发展到无公害农产品，再发展至绿色食品或有机食品，绿色食品跨接在无公害食品和有机食品之间，无公害食品是绿色食品发展的初级阶段，有机食品是质量更高的绿色食品。

3. 绿色食品　绿色食品基本涵盖了有机食品和无公害食品。我国将绿色食品分为 A 级和 AA 级两个等级，AA 级绿色食品兼容传统农艺技术和现代生物技术，与有机食品相对应，但不等同于有机食品。

绿色食品强调产品出自“最佳生态环境”，有机食品认证要求只要经过几年不使用化肥、农药等化学合成物质的过渡期，就可按有机食品出售。

绿色食品对每一个产品都要进行认证，有机食品只要农场或生产基地通过有机认证，该地块生产出来的所有产品都可以作为有机产品。

A 级绿色食品与无公害食品相近，但标准涉及的内容较丰富，标准要求也比无公害食品高，例如，无公害食品环境标准只对大气、土壤、灌溉水的污染指标做了规定，而绿色食品标准还对土壤肥力做了要求，对灌溉水中的大肠杆菌菌群数量也做了规定；生产无公害食品的中性土壤中汞、砷、铅最高限量分别为 0.5，30，300 mg/kg，而在生产绿色食品的土壤中相应重金属最高限量只有 0.3，20，50 mg/kg；六六六、DDT、敌敌畏、乐果等农药最高残留限量在无公害水果中分别为 0.1,0.1,0.2 和 1.0 mg/kg,而绿色水果只有 0.05,0.05,0.02 和 0.02 mg/kg。

绿色食品还特别强调产品的优质和营养的问题,有机食品和无公害食品未涉及这些。绿色食品是国内的称谓,并由中国绿色食品发展中心负责检查、认证。

四、草莓经济效益及发展前景

(一)经济效益

草莓在果树中,属于适应性强,结果早、周期短、见效快、繁殖迅速、管理方便、成本较低、加工简易、株体矮小、投资少、收益高的经济作物。秋季定植的草莓,进行露地栽培,次年春季就可结果,每 667 m^2 可产 1 000 kg;采用设施栽培的草莓,采用促成、半促成、抑制栽培,可将鲜果提早成熟,栽培后 60 天即有产量,不仅提前上市,增添果品市场的花色品种,而且能满足重大节日市场供应,售价高,销路好,经济效益十分显著。

近几年来,草莓生产对促进种植结构调整、农村经济发展和农民致富经做出了巨大的贡献。在全国各地涌现出许多依靠种植草莓致富的典型,如上海郊区青浦赵屯镇,草莓栽培面积已达 800 hm^2(大棚设施栽培 500 hm^2),占耕地面积的 1/3;667 m^2 产量年均 1.5～1.8 t,年总产量超过 1.8 万 t,667 m^2 产值平均达 8 000 元以上,草莓已成为该镇种植业结构调整中的主导产品,种植规模、生产水平居国内乡镇之首。

(二)发展前景

1. 国际市场潜力　首先,从国际市场看,冷冻草莓多年来是国际市场需求量较大的浆果品种,它是制作果汁、果浆、果酱、冰淇淋、酸奶、提取色素等传统的原料。在一些发达国家,因其采摘劳动力成本高,导致 70%～90%的原料依赖进口。由于加工用草莓是典型的劳动力密集型种植业，在欧美等一些发达国家的发展受到了极大的限制。由于一些地区劳动力不足，日本草莓连年产量下降，中国成为日本去年扩大冷冻草莓市场进口的主要收益者，对日出口增长了4%，总出口量由28 290 t增加到29 640 t。日本冷冻草莓进口量由2002年的27 190 t，增加到2003年的28 640 t。美国农业部的报告，美国不久之前还是日本冷冻草莓主要供货国，但是现在中国已稳固地成为日本草莓进口的主要供货来源。在供需求矛盾中，为我国草莓市场的快速发展提供了良好的机遇，草莓市场尤其速冻草莓市场前景广阔。其次是价格的优势，在2003年中，中国向日本供应冷冻草莓16 580 t，比2002年增加了16%，占日本草莓市场份额的58%。与此相反的是，美国在2002年发货量下降了7.2%，下降到7 700 t，占日本市场份额的28%。韩国(1 330 t)和智利(1 180 t)去年的对日发货量也下降了，他们在日本的市场份额也分别下降到4.6%和4.1%。中国去年在日本草莓市场的成功主要是得益于水果竞争性的价格，中国草莓的平均进口价格是1.01美元/kg，比美国的草莓价格要便宜50%。美国草莓销售价格是2.12美元/kg。日本经销商说，日本进口冷冻草莓主要是用于日本果酱加工行业，使其生产的烹调配料在市场上具有竞争力的价格。

2. 国内市场需求量增加　随着人们生活水平的提高，草莓鲜果的需求量不断地扩大。尤其城市人口消费饮食结构的变化，对新鲜水果需求量的增多，也是草莓市场潜力所在。由于草莓的营养丰富，味美爽口，维生素C含量很高，是苹果、梨、葡萄的10倍以上。其草莓中的有机酸能分解食物中的脂肪，促进食欲帮助消化；并且草莓中的果胶类物质能帮助人体排除多余的胆固醇和有害重金属。草莓的营养物质很容易被人体吸收，对治疗肠胃病和贫血病有较好的效果。因此，草莓鲜果备受消费者的喜爱，正悄然走进寻常百姓的餐桌。优质无公害草莓的生产，更是供不应求。

3. 栽培技术成熟，特点更加突出　我国的草莓生产已进入稳步发展的新阶段。栽培技术日趋成熟，商品生产逐步扩大，品种质量不断提高，市场前景非常广阔。表现在以下几方面：

(1)栽培模式多样化　草莓的栽培已由露地栽培小拱棚半促成栽培,发展到促成栽培和抑制栽培。再加上草莓的无土栽培,工厂化生产基本达到了周年化生产。

(2)品种优良化　最近由国外引进了许多优良品种,改良了传统的老品种,引进了一年四季连续结果的品种。

(3)技术先进化　我国草莓的主产区通过出国研修、技术交流、引进了国外栽培草莓的先进技术,如促花育苗技术、组织培养技术、抑制栽培技术、促成栽培技术、半促成栽培技术、速冻保鲜及加工技术、无土栽培技术等,为草莓的生产提供了技术保障。

(4)生产商品化　20 世纪 80 年代后期,山东在烟台创立了大棚草莓高效栽培技术,并在全国推广,草莓生产从此步入了由传统的露地栽培阶段跃进到保护地栽培阶段;形成了以山东的烟台、莒南的大店、河北的满城、辽宁的丹东、上海的赵屯、安徽合肥的长丰等为中心,辐射全国的草莓生产基地;一些加工企业的带动,使草莓的生产步入商品化的新阶段。

(三)发展方向

我国已加入 WTO,开发无公害草莓生产,会使我国草莓业走上健康发展的道路,有利于发展创汇农业和使我国果品市场与国际市场接轨,提高产品的国际竞争力,增加农民收入。

一是要栽培模式多样化,根据市场需求,改进栽培设施,提高管理技术,合理安排成熟期,实现草莓的周年供应,进一步提高生产效益。

二是要注重产品质量,选用新优品种,推广无病毒苗,增施有机肥料,禁止使用剧毒高残留农药和激素类物质,生产无公害果品。

三是发展加工业,实现草莓的产后增值,注重产品的商品性能及加工开发。草莓不耐贮运,采后易腐烂受损,采后应分级包装,提高商品质量,按质论价供应市场。在距城市较远的地区应积极发展加工业,如能引进外资和技术直接生产加工成品供应国际市场,将会极大地提高经济效益。

提示问答

1.我国草莓生产主要存在哪些问题?

2.草莓经济价值主要体现在哪些方面?

3.草莓的发展前景如何?

4.草莓的发展方向如何?

第二章

草莓生物学特性及对环境条件的要求

阅读指南 本章共分5部分，第1部分从根、茎、叶、花、芽和果实等方面介绍了草莓生物学特征；第2部分介绍了草莓的物候期；第3部分介绍了草莓生长栽植区域及适宜的环境条件；第4部分从产地选择、产地环境空气质量、产地灌溉水质量和产地土壤环境质量等方面介绍了无公害草莓生产的环境要求；第5部分介绍了无公害草莓的质量标准及质量认证程序。

一、草莓生物学特征

草莓是多年生的常绿草本植物。植株矮小，株高一般为20～30 cm，呈半匍匐或直立丛状生长。一株完整的草莓植株是由根、茎、叶、花、果实、种子等器官组成。其中，茎又是由新茎、根状茎和匍匐茎组成的。草莓根系是由不定根组成的须根系，着生在短缩茎上，主要分布在表层土壤中，具有固定草莓植株、从土壤中吸收水分、养分供植株生长利用的功能，所以说根系生长的好坏直接关系到草莓的产量和品质。

(一)根

1.根的组成和分布　草莓植株根系属茎源根系，由短缩茎上发生的初生初根及初生根上发出的侧生根组成。一般健壮植株可发出20～50条初生根，多的可有100条以上。初生根上生长无数条侧生根。据山东农业大学研究人员观察，草莓根的构造由表皮、皮层和维管柱三部分组成。草莓根系在土壤中分布很浅，一般分布在距地表20 cm深的表土层内。草莓的新根为白色，随着根的老化，颜色由白转为褐色，最后变黑枯死。草莓初生根寿命一般为一年左右，初生根变褐时，尚能发出一些侧根，当初生根变黑时，就不能发出侧根了。

2.根系的生长动态　草莓植株根系一年内有2～3次生长高峰期。早春，当气温上升到2～5℃或10 cm深的土层地温稳定在1～2℃时，根系开始生长，此时主要是上一年秋季发出的白色越冬根进行延长生长。根系生长要比地上部分生长早10天左右。以后随气温的回升，地上部分花序开始显露，地下部分逐渐发出新根，越冬根的延长生长渐止。当10 cm地温稳定在13～15℃时，根系生长达到第一次高峰。随着草莓植株开花和幼果膨大，根的生长缓慢。有些新根从顶部开始枯萎，变褐色，甚至死亡。直到7月上旬，正值高温长日照，此时有利于草莓的营养生长，在草莓腋芽处萌发大量的匍匐茎，新茎基部也会生产许多新根系。根系生长进入二次高峰。9月下旬至越冬前，由于叶片养分回流运转及土温降温，营养大量积累并贮藏于根状茎内，根系生长形成三次高峰。在有些地区，由于7～8月份地温过高，根系只有4～6月份和9～10月份两次生长高峰。

3.根系生长与地上部的关系　根系生长高峰与地上部生长高峰大致呈相反趋势。萌芽至初花期，地上部分生长缓慢，地下部分越冬根的延长生长迅速新根大量发生。随着地上部分展叶、开花与坐果，地上部分对水分和养分的需求增加，根生长缓慢。到果实膨大期，部分根会枯竭死亡。秋季至初冬，由于叶片养分的回流运转，地下部分生长缓慢，根系生长再度出现高峰。据试验观察，根系发育与植株坐果数密切相关。植株上坐果越多,根量越少。根系与果实之间存在着养分竞争。

(二)茎

草莓的茎分新茎、根状茎、匍匐茎三种。

1. 新茎　草莓植株的中心生长轴为短缩茎。当年萌发的短缩茎叫新茎。呈背形,花序均发生在弓背方向,栽植时根据这一特性确定定植方向。新茎上密生多节,节间较短,其生长缓慢,每处只生长 0.5～2 cm,加粗生长旺盛. 从新茎的解剖结构来看,其表皮细胞排列整齐,输导组织发达,射线和导管相间排列,纤维细胞多,髓部大,有多层大的薄壁细胞. 这些特点有利于营养物质的纵向和横向输导及营养物质贮藏。草莓新茎上轮生着具有叶柄的叶片,叶腋处有腋芽。腋芽具有早熟性,温度高时萌发成匍匐茎,温度较低时,萌发成新茎分枝。有的不萌发成为隐芽。当地上部分受损伤时,隐芽萌发成新茎分枝或匍匐茎。新茎的顶芽到秋季可形成混合花芽,成为主茎上第一花序。新茎分枝的形态与新茎相同,茎短缩,上部轮生叶片,基部发生不定根,新茎分枝的多少,品种间差别大。新茎分枝可用来做繁殖材料繁殖幼苗,但由于其生活力弱,根系不匍匐茎少的品种上应用。

2. 根状茎　草莓多年生的短缩茎叫根状茎。在第二年,当新茎上的叶全部枯死脱落后,变成形似根的根状茎,它是一种具有节和年轮的地下茎,是贮藏营养物质的器官。2 年后的根状茎,常在新茎基部发生大量不定根。3 年以上的根状茎分生组织不发达,极少发生不定根,并从下部向上逐渐衰亡。从外观形态上看,先变褐色,再转为黑色,其上根系随着死掉。因此,根状茎越老,地上部及根系生长越差。

3. 匍匐茎　草莓匍匐茎是由新茎腋芽萌发形成的特殊地上茎,茎细,节间长,具有繁殖能力。匍匐茎一般在坐果后期开始抽生,在花序下部新茎叶腋处先产生叶片,然后出现第一个匍匐茎,开始向上生长,长到叶面高度,逐渐垂向株丛少、光照充足的地方,沿着地面匍匐生长。多数品种匍匐茎,先在第二节处向上发出新叶,向下形成不定根。如果土壤湿润,不定根向土中扎入后,即长成一株匍匐茎苗。一般 2～3 周子苗可独立成活，随后在第4、6等偶数节上发出匍匐茎苗。

（三）芽

草莓的芽可分为顶芽和腋芽。顶芽着生在新茎顶端，向上长出叶生和延伸新茎，当日平均气温降到20℃左右，每天日照时间在12 h，草莓开始由营养转向生殖生长，花芽在这个时期开始分化，这个过程一直要持续到日平均气温低于5℃时为止。腋芽着生在新茎叶腋里，具有早熟性。

（四）叶

草莓的叶为三出复叶，叶柄细长，一般为10～25 cm，叶柄上多生茸毛，叶柄基部与新茎相连的部分有对生的2片托叶，有些品种叶柄中下部有2个耳叶，叶柄顶部着生了3个小叶，两边小叶对称，叶间小叶形状规则，有圆形（长度与宽度基本相等）、椭圆形（长度比宽度大）、长椭圆形（长度明显大于宽度）、菱形（叶边缘中部有明显的角，尖部叶缘直）等形状，颜色由黄绿到蓝绿，叶边缘有锯齿。一般从坐果到采果前，叶片的形状是比较典型的，能够充分反映出其品种的特性。草莓的叶片呈螺旋状排列在节间极短的新茎上。新叶开始由3片卷叠在一起。一般的情况下，一年可以长出20～30个复叶。在气温达到20℃的条件下，每隔8～10天即可长出一片新叶，新叶展开后约2周可达到成龄叶，约30天可达到最大叶面积，其寿命平均60～80天。其中，有效叶龄30～60天。秋季长出的叶片，有些寿命可维持200天左右。生长期间，每株草莓有6～8片功能叶，从心叶向外数到第三至五片叶光合效率最高，第七片以外的叶，叶龄超过60天，光合效率明显下降。在生产上，在开花结果期要维持一定数量的功能叶。我们在实际的生产过程中，一定要定期摘除老叶、病叶、以减少养分水泵和病害的传播。不同时间长出的叶的寿命，在30～130天之间。秋季长出的叶片，适应保护越冬，寿命可延长到200天左右，直接到春季发出新叶后才逐渐枯死脱落。越冬的绿叶保留越多，对提高质量有明显效果。因此，寒冷地区做好越冬覆盖防寒工作十分重要。

(五)花

草莓的花序为聚伞花序。一般单株有花序2～5个,每个花序有花3～60朵不等,常为10～20朵。多数品种能自花授粉结实。一个花序上,一级花1朵,首先开放,由其2个苞片腋内形成二级花2朵,每个二级花的苞片腋片再形成2朵三级花,依次类推,先后开放,花期长达15～20天。后开的花,往往结果很小,甚至不结果,成为无效花,应及时疏掉。

(六)果实

草莓的果实是聚合果。果肉由花托发育而成,称为假果。花托上的离生雌蕊受精后,形成许多小瘦果,俗称种子。果实的形状有圆形、扁圆形、圆锥形、鸡心形、鸡冠形、扇面形、荷包形等。果面多为红色、粉红色、橙红色、少数为白色。果肉的颜色多为红色、浅红色,也有的白色微带红色。果实大小与品种及营养有关,以第一、二级序果最大,一般为10～25 g,大者可达60 g以上。

二、草莓的物候期

草莓在一年的生长发育过程中,随着不同季节的变化,其外部形态和内部生理生化特性也发生了明显的变化,这种与一年中季节性的气候变化相吻合的时期,称为物候期。草莓的物候期明显地分为生长期和休眠期。生长期是指从春季开始生长到秋季休眠时结束,形态变化明显。休眠期是指从秋季休眠开始到第二年萌芽生长为止,外部形态变化不太明显。草莓的物候期又被分为以下几个时期。

(一)开始生长期

此期是指早春地下部分根系首先活动,地上部萌芽至花蕾出现。

草莓根系开始活动大约在2月下旬前后，此时的地温稳定在2～5℃，随着地温的升高，逐渐发出新根。当温度升至5℃时，根系生长1周后，地上部才开始萌芽，并逐渐发出新叶。采用地膜覆盖的草莓，一部分叶片在越冬时冻死；一部分叶片越冬后仍保持绿色，这些绿叶可进行光合作用，为早期的生长发育提供养分，随着新叶的陆续长出，老叶逐渐枯死。草莓早春的生长发育主要依靠根状茎和根中贮藏的养料。因此，加强上年秋季的管理，促进养分的贮存，对早春草莓的生命活动起十分重要的作用。同时也要注意早春的田间管理，及时清除防寒物。草莓的开始生长期在江南为2月下旬，华北地区在3月上旬，东北地区在3月下旬至4月下旬。

（二）开花结果期

地上部分生长约1个月后，出现花茎，随着花茎的发育，花序梗伸长，露出整个花序。从花蕾显现到第一朵花开放大约需要半个月的时间，由开花到浆果成熟大约需要1个月的时间。开花期根系停止生长，地上部分叶片数和叶面积迅速增加，光合能力增强，叶片制造的养分几乎全部供给开花结果用。果实发育是此期养分分配中心。此期通过疏除无效花蕾来促进果实发育。

（三）营养生长期

草莓浆果采收后，植株便进入了旺盛的营养生长期。侧芽大量发生匍匐茎。新茎加速生长，在新茎的基部发生不定根，产生了新的根系。匍匐茎的抽生，按着一定顺序向上长叶，向下扎根，长出新的幼苗。在炎热的夏季，草莓苗生长缓慢，这时要采取适时喷水、遮荫等措施来帮助幼苗越过高温季节。进入秋季后，叶片和根系的生长形成高峰期。此期一般从7月份开始，一直持续到9月份。

（四）休眠期

当气温降到5℃以下及短日照条件时，草莓便进入了休眠期。外部形态主要表现为叶柄逐渐变短，叶色深绿，叶片平卧，呈匍匐生长，整株矮化。草莓的休眠是为了避开冬季低温的伤害而形成的自我保护性反应。不同品种的休眠期长短也不同，寒冷地区的品种休眠程度深，温暖地区的品种则休眠程度浅。草莓解除休眠的有效低温为0～5℃。休眠时间在100 h以下的品种为浅休眠品种，100～400 h为中等休眠品种，400 h以上的品种为深休眠品种。一般低温需求量小的品种适于促成栽培，中间类型或低温需求量多的品种则适于半促成或露地栽培。

三、草莓生长栽植区域及适宜的环境条件

（一）主要栽植区域

从栽培特点和气候条件看，我国草莓栽培大致分为3个主要区域。

1. 北部草莓栽培区　大体位于秦岭及淮河以北，包括东北、华北及西北各省等地。该区秋冬季节气温较低，1月份平均气温0℃以下，日照时间较长，适宜于寒地栽培品种的休眠及花芽分化。露地栽培采用低畦种植，冬季需覆盖薄膜、秸秆防寒。设施栽培以春暖大棚、小拱棚、日光温室等为主要保温结构，分为促成栽培和半促成栽培两种类型。草莓生长期长，产量高，品质优。

2. 中部草莓栽培区　主要包括长江流域各省，地处亚热带至温带的过渡带。1月份平均气温0～5℃，露地栽培的草莓无需覆盖即能安全越冬。秋冬季的温度和日照可满足草莓的花芽分化及植株正常的休眠要求。降水量多于北方，多用高畦栽培以利于排水。草莓的生育期较北部栽培区短，设施栽培以塑料大棚促成栽培为主，也有部分半促成栽培及小拱棚覆盖栽培。

3. 南部草莓栽培区　南岭山脉以南，主要包括华南及福建等省。冬季气候温暖，1月份平均气温10℃以上，秋冬季气温难以满足草莓的花芽分化及休眠的要求，虽然冬季不需覆盖或仅简易覆盖即可达到提

早采收的目的，但每年均需从以北地区引苗栽植，或采用高山育苗等措施，才能确保草莓正常花芽分化。本地区草莓产量通常低于北部和中部种植区。

（二）对环境条件的要求

1. 温度　草莓对温度比较敏感，喜欢温暖的气候，但不抗高温，虽有一定的耐寒性。初春当地温稳定在 2～5℃时根系便开始活动，10℃时能形成新根。根系适宜生长温度为 15～20℃，秋季温度降到 10℃以下时便会停止生长，冬季土壤温度下降到－8℃时，根部就会受到冻害。草莓植株生长发育的适宜温度是 20～30℃，夏季高温季节 30℃，干燥炎热的气候条件会抑制草莓新叶发生，成熟的叶片有时也会出现灼伤或枯焦现象。草莓花期低于 0℃或高于 40℃都会影响授粉受精过程，影响种子发育，造成畸形果。花期和结果期最低温度不能低于 5℃，而低于 5℃时花芽分化也会停止。在晚秋经过霜冻和低温锻炼的植株，抗寒力可大大增强，冬季若采用覆草、覆膜、覆土或覆雪，即使在最低气温达－40℃的地区也能栽培草莓。草莓对温度的适应性较强，温度 5℃时，地上部开始生长，当气温降至－1～－30℃时，植株就会受冻害，如遇花期，雌蕊就会受冻，花的中心变黑。光合作用的最适温度为15～25℃，花粉发芽的最适温度为 25～27℃，开花期低于 0℃或高于 40℃都会阻碍授粉的进行，影响种子发育，导致畸形果。果实膨大期昼温 18～20℃时是最适宜的温度，较高的昼温能促进果实着色和成熟，但果个小，采收期提早。在 17～30℃的范围内积温达 600℃左右可以着色成熟。平均气温为 20℃时需 30 天成熟，30℃时只需 20 天就可成熟。秋末经过霜冻和低温锻炼的草莓苗，抗寒力可大大提高，

2. 光照　草莓属喜光植物，但也比较耐阴，冬季覆盖下越冬的叶片仍能保持绿色，翌年春天继续进行光合作用。但栽植过密，或光照不足，则植株生长虚弱，花序柄和叶柄细长，叶片淡绿，花小不易开放，果小、味酸、色泽差，成熟期也延迟。光照过强时也不利于草莓生长，易受干旱和灼伤，叶片变小，根系发育差。其光饱和点为 2 万～3 万 lx。比

其他果菜类低得多，所以草莓适合与粮、菜、果作物套种。光是草莓生存的重要因子，只有在光照充足的条件下，草莓植株才能生长健壮，花芽分化好，浆果才能高产优质，如果光照不足，植株生长弱，叶柄和花序梗细弱，花芽分化不良，浆果小而味淡。因此，草莓种植不宜过密，一定要合理密植。促成栽培时，草莓在冬季开花就很容易出现光照不足，必要时在大棚内铺反光膜或补充光照，以促进开花结果。草莓在不同发育阶段对光照要求不同，开花结果期和匍匐茎抽生期，需要 12～15 h 的长日照；在花芽分化期则要求 10～12 h 的短日照和较低温度。

3. 水分　草莓根系浅，多分布在 20 cm 的土层中内，加上植株小，叶片多，蒸腾量大，而且整个生长期不断进行新老叶片的更替，又要抽生大量的匍匐茎和发育果实，所以需要有充足的水分供应。在生长周期中，草莓不同的生育期对水需求是不同的。苗期缺水会影响新茎和叶片的正常生长，坐果期缺水会影响果实发育，降低产量和品质，浆果成熟期适当控水可避免果实脱落和腐烂，采收后缺水会使匍匐茎扎根困难，降低繁苗系数，秋季进入花芽分化期应适当控水，以促进植株由营养生长向生殖生长转化。草莓既需要较充足的水分供应，但又怕涝，降雨过多时应注意排涝，低洼地栽植时最好采用高畦高垄栽培。在抽生大量匍匐茎和草莓苗刚栽时，对水分的需求量更大，不但要求土壤含有充足的水分，而且空气也要有一定的湿度。

草莓在不同的生育期对水分的要求也不一样。开花期应满足水分的供应，以不低于土壤田间持水量的 70%为宜，此时缺水，影响花朵的开放和授粉受精过程，严重干旱时，花朵枯萎；果实膨大期需水量也比较大，应保持田间持水量的 80%，如缺水，果个变小，品质变差；浆果成熟期，应适当控水，保持田间持水量的 70%为宜，促进果实着色，提高品质，如果水分太多，容易造成烂果；采果后匍匐茎大量形成期，需水较多，只有充足的水分供应，才能形成大量的根系发达的匍匐茎苗。花芽分化期适当减少水分，以保持田间持水量 60%～65%为宜，以促进花芽的形成。入冬前，灌足封冻水，有利于草莓苗安全越冬。总之，水分管理是草莓田间管理中重要的一个环节，无论哪个时期过度缺水，都会给草莓的生长发育带来不良影响。

4. 土壤　草莓是浅根植物，根系主要分在 20 cm 以下的表层土壤中，也有极少数根系可深达 40 cm 以下土层。草莓最适宜栽植在疏松、肥沃、通气良好、保肥保水能力强的沙壤土中，地下水位不高于 80～100 cm，pH 值 5.5～6.5 的土壤中生长。黏土地虽具有良好的保水性，但透气不良，根系呼吸作用和其他生理活动受到影响，容易发生烂根现象，结的草莓果味酸，着色不良，品质差，成熟期晚。如果在黏土地上栽种草莓，就需要采用黏掺沙或增施有机肥，小水勤灌，以使草莓果色好，含糖量高，成熟期提前。在缺硼的沙土中栽培草莓，易出现果实畸形，落花落果严重，浆果髓部会出现褐色斑渍，需通过施硼砂来防治这种缺硼症。草莓适宜在中性或微酸性的土壤中生长，其要求 pH 值 5.8～7.0，pH 值＜4 和 pH 值＞8 时就会出现生长发育不良，因此，盐碱地和石灰性土壤不适宜栽培草莓。

四、无公害草莓生产的环境要求

(一)产地选择

无公害草莓产地应选择在生态条件良好，远离污染源，并具有可持续生产能力的农业生产区域。

(二)产地环境空气质量

无公害草莓产地环境空气质量应符合表 2-1 的规定。

(三)产地灌溉水质量

无公害草莓产地灌溉水质量应符合表 2-2 的规定。

(四)产地土壤环境质量

无公害草莓产地土壤环境质量应符合表 2-3 的规定。

表 2-1 环境空气质量要求

项 目		浓度限值	
		日平均	1 h 平均
总悬浮颗粒物(标准状态)/(mg/m³)	≤	0.30	—
氟化物(标准状态)/(μg/m³)	≤	7	20

注:日平均指任何 1 日的平均浓度;1 h 平均指任何 1 h 的平均浓度。

表 2-2 灌溉水质量要求

项 目		浓度限值
pH 值		5.5~8.5
化学需氧量/(mg/L)	≤	40
总汞/(mg/L)	≤	0.001
总镉/(mg/L)	≤	0.005
总砷/(mg/L)	≤	0.05
总铅/(mg/L)	≤	0.10
铬(六价)/(mg/L)	≤	0.10
氟化价(以 F^- 计)/(mg/L)	≤	3.0
氰化物(以 CN^- 计)/(mg/L)	≤	0.50
石油类/(mg/L)	≤	0.5
挥发酚/(mg/L)	≤	1.0
粪大肠菌群数/(个/L)	≤	10 000

表 2-3 土壤环境质量要求 mg/kg

项 目		含量限值		
		pH 值<6.5	pH 值 6.5~7.5	pH 值>7.5
总镉	≤	0.30	0.30	0.60
总汞	≤	0.30	0.50	1.0
总砷	≤	40	30	25
总铅	≤	250	300	350
总铬	≤	150	200	250

注:本表所列含量限值适用于阳离子交换量>5 cmol/kg 的土壤,若≤5 cmol/kg,其含量限值为表内数值的半数。

五、无公害草莓的质量标准与质量认证

(一)无公害草莓的质量标准

1. 感官要求　果实新鲜洁净,无尘埃泥物,无外来水分;无萎蔫变色、腐烂、霉变、异味、病虫害、明显碰压伤;无汁液浸出。

2. 卫生要求　卫生要求应符合表 2-4 的规定。

表 2-4　无公害食品草莓卫生指标

项　目	指标/(mg/kg)	项　目	指标/(mg/kg)
乐果(dimethoate)	≤1	砷(以 As 计)	≤0.5
辛硫磷(phoxim)	≤0.05	汞(以 Hg 计)	≤0.01
杀螟硫磷(fenitrothion)	≤0.5	铅(以 Pb 计)	≤0.2
氰戊菊酯(fenvalerate)	≤0.2	镉(以 Cd 计)	≤0.03
多菌灵(carbendazim)	≤0.5		

注:凡国家规定禁用的农药,不得检出。

(二)无公害草莓的质量认证

为加强无公害草莓的规范化管理,维护其产品信誉,保护消费者身体健康,促进无公害草莓规模化生产,确保其产品标准化加工、包装和质量安全,需要对无公害草莓进行申报和认定。

凡具备无公害草莓生产条件的单位或个人,均可通过当地有关部门向省级无公害农产品管理办公室申请无公害农产品标志和证书。申请者按要求填写无公害农产品申请书、申请单位或个人基本情况及生产情况调查表、产品注册商标文本复印件及当地农业环境保护监测机构出具的初审合格证书。

省级无公害农产品管理部门,在认为申报基本条件合乎要求后,委托省级农业环境保护监测机构对草莓产品质量及产地环境条件进行检测,出具环境条件和产品质量评价报告。

省级无公害农产品管理部门根据评价报告和上报材料进行终审。终审合格的，由省级无公害农产品管理部门颁发无公害农产品认证证书，并向社会公告。同时，与生产者签订《无公害农产品标志使用协议书》，授权企业或个人使用无公害农产品标志。

无公害农产品标志和认证证书有效期为3年。期满需要继续使用的，应当在有效期满90日前按照《无公害农产品标志管理办法》规定的无公害农产品认证程序，重新办理。

使用无公害农产品标志的单位或个人，必须严格履行《无公害农产品标识使用协议书》，并接受环境和质量检测部门进行的定期抽检。

取得无公害农产品标志的生产单位和个人，应在产品说明或包装上标注无公害农产品标志、批准文号、产地、生产单位等。标志上的字迹应清晰、完整、准确。

提示问答

1. 草莓植物学特征主要包括哪些特征?
2. 草莓的物候期如何?
3. 我国草莓生长的适宜栽植区域包括哪些?
4. 无公害草莓生产对环境条件有哪些要求?
5. 无公害草莓的质量标准包括哪些内容?

第三章

无公害栽培的草莓优良品种

阅读指南 本章共分三部分，前二部分简单介绍了草莓的主要种类、草莓育种现状和草莓良种的选择条件；最后一部分介绍了目前我国主要栽培的优良品种的来源、植物学特性、生物学特性、果实经济性状和适宜栽培模式等特点。

一、草莓主要种类

草莓在植物分类学上，属于蔷薇科(Rosaceae)，草莓(*Fragaria*)多年生草本植物。草莓属植物有 50 个种，起源于亚洲、美洲和欧洲。中国分布有 9 个种，其中 8 个为自然野生种，1 个为国外引入的八倍体栽培种凤梨草莓(*F. xananassa* Duch.)。8 个自然野生种包括 6 个二倍体种：森林草莓(*F. vesca* L.)、黄毛草莓(*F. nigerrensis* Schlect)、五叶草莓(*F. pentaphylla* Lozinsk)、纤细草莓(*F. gracilis* A. Los.)、西藏草莓(*F. nubicola* Lindl.)、锡金草莓(*F. daltoniana* J. Gay.)，2 个四倍体种：东方草莓(*F. orientalis* Lozinsk)、西南草莓[*F. moupinensis*

(Franch.) Card]。现简介如下。

1. 凤梨草莓　别名大果草莓，其来源说法不一，目前大多数人认为是智利草莓与深红莓的杂交种；也有人认为是智利草莓的直接变种。目前栽培的优良品种，大多是出自该种，或该种与其他种杂交产生。植株生长健壮，高达 10～40 cm。小叶倒卵圆形或菱状卵圆形，表面光滑，背面有毛。叶柄、花梗均被黄色柔毛。花大，果大，形状不一，鲜红色。萼片直立紧贴。

2. 森林草莓　森林草莓起源于中国黑龙江、吉林、西北、西南林丛山地和草原。日本北部和欧美有分布。森林草莓的主要特征为植株矮，叶小而薄，叶淡绿色；有或无匍匐蔓；两性花；果小，圆或圆锥形，红、浅红或白色，有香味，果软，果肉间隙多；对环境适应性强。

3. 黄毛草莓　黄毛草莓起源于中国的湖南、贵州、四川、云南、台湾海拔 700～3 000 m 的山地和草原。菲律宾、越南等东南亚及南亚地区有分布。黄毛草莓的主要特征特性为株势强；叶厚，茸毛长，小叶椭圆或倒卵圆形；果小，白色浅粉色，叶淡，种子多。

4. 五叶草莓　五叶草莓方要分布于中国的陕西、四川、甘肃等省海拔 700～2 300 m 的草原地带。五叶草莓的主要特征特性为叶片较厚，小叶五枚，椭圆、长椭圆或卵圆形；果实椭圆形。

5. 纤细草莓　纤细草莓主要分布在中国的河南、湖北、陕西、甘肃、青海、四川、西藏海拔 1 600～3 900 m 的丘陵、山地和草原。纤细草莓的主要特征特性为植株纤细，叶三或五出小叶，椭圆、长椭圆或倒卵圆形；果圆形或椭圆形。

6. 西藏草莓　西藏草莓起源于喜马拉雅山、风底斯山海拔 1 500～3 900 m 的山间、草原、林边。巴基斯坦、阿富汗、克什米尔地区有分布。西藏草莓的主要特征特性为匍匐蔓细，三出复叶，小叶椭圆或倒卵圆形；果小，卵圆形，萼片紧贴果实；5～8 月份开花。

7. 锡金草莓　锡金草莓主要分布在锡金以及中国喜马拉雅海拔 3 000～4 500 m 的高山、草原及中国藏南。锡金草莓的主要特征特性为果实稍大，鲜红色，香味少。

8. 东方草莓　东方草莓主要分布在中国东北、内蒙古以及西伯利亚东部草原和朝鲜北部。东方草莓的主要特征特性为植株矮；蔓长；叶小，卵圆形；花两性；果圆形或圆锥形，深红色；种子深陷果面；耐旱、耐寒性强。

9. 西南草莓　西南草莓原产于中国的陕西、四川、云南、西藏、新疆和中亚东部海拔 1 400～4 000 m 的山间、草原和林边。西南草莓的主要特征特性为叶片厚，长椭圆形；两性花；果小，球形，粉红色，种子深陷果面。

二、草莓育种及良种的选择条件

（一）草莓育种

1. 育种现状　品种是优质丰产栽培的基础，因此各国对草莓的育种十分重视，目前全世界有 40 多个国家设立了草莓育种项目（占草莓生产国的 65%）。1980 年以来，已有 35 个国家发表了 500 多个草莓新品种，其中育出新品种最多的是美国（主要是加州），约占 20%，其次分别为法国、加拿大、意大利、日本和中国，上述 6 国所育草莓新品种占世界所育草莓新品种的 50%以上。

从事草莓育种的主要包括国家项目和私人公司，在过去的 20 多年里，国家资助的育种项目取得丰硕成果，如美国加州大学已经推出许多很受欢迎的品种，如赛尔娃、卡姆罗莎、常德乐等，这些品种已占世界草莓生产的 50%以上；荷兰品种艾尔桑塔从北欧到南欧波河流域都已广泛种植。同样，私人公司也对草莓的育种做出了很大的贡献，20 世纪 80 年代私人育出的新品种占总数的 10%，到了 90 年代上升到 34%，育出草莓新品种的公司主要集中在美国和西欧，如美国加州 Driscoll 草莓协会、意大利 CIV 公司、法国达鹏公司和西班牙 Planasa 公司等。

2. 育种目标　为更好地提升本地草莓的市场竞争力，不同地区其育种目标不同，总体来说，育种目标主要包括成熟期、果个和硬度、果实品质和抗病性等方面。

(1)成熟期　在成熟期方面许多育种目标，一是延长采摘期，即采收期提前或延迟，采收期延长可以合理安排劳力，减少草莓对进口的依赖；二是选育短日性和日中性品种。美国和西欧的一些国家注重以成熟期为育种目标的研究，如英国育出了成熟期很晚的品种——索非(Sophie)，它的采收期比艾尔桑塔晚 14 天，美国加州大学选育了许多日中性品种，如赛尔娃(Selva，1983)、海景(Seascake，1991)和钻石(Diamante，1997)、芳香(Aromas，1997)、太平洋(Pacific，1997)等。

(2)果个和硬度　许多国家在草莓育种上为了提高植株的丰产性、降低采摘用工费用，把增大果个作为特定目标，如加州大学的育种项目一直致力于增大果个，尤其卡姆罗莎品种可以不断结出大型果。果肉硬度大，抗病性也强，这是果实采收和贮运过程，保存果实品质的重要特性。

(3)果实品质　许多国家把草莓风味(甜酸和香味等)看作草莓育种的第二大目标。现在在国外的许多超市规定，可溶性固形物含量低于某一临界值的草莓果不得销售，因此浆果的品质已成为草莓育种的主要目标之一。

(4)抗病性　提高抗病性也是草莓育种的主要目标之一。由于溴化烷到 2005 年将禁止使用，所以，迫使人们寻找溴化烷的替代品和其他方法来解决，通过选育抗土传病害的草莓新品种也是行之有效的办法。另外为克服威胁草莓生产的炭疽病等病害的危害，美国进行了多年的研究，选育了许多抗炭疽病的种质，并于 1996 年选出了既抗炭疽病又抗红中柱根腐病的波里坎(Plican)品种。

(二)草莓良种的选择条件

1. 适应性广　由于我国地域辽阔，南北气候变化大，草莓栽培方式不同，设施条件有差异，要使产品符合“安全、优质、高产”的要求，必须考虑品种的适应性。例如，南方应选择休眠期短，耐夏季高温多湿环境的品种；北方露地栽培应选择休眠期长，耐冬季寒冷，春季抗霜冻的品种。

2. 抗病性强　草莓产地常有连作情况，病虫害较多，设施栽培易感染白粉病和灰霉病，外引品种也易染病毒，故选择抗病品种是不容忽视的问题。

3. 优质高产　产品质量好，才能赢得市场。草莓鲜果要求个大、果形整齐，呈圆锥形，大小均匀，色泽鲜红，光泽感强，外观艳丽，甜酸适中，香味浓郁。产量高是获取高效益的保证，故要求品种的单果大，单株结果能力强和优质高产是开拓市场，发展生产，增强经济效益的基础。

4. 品种多样化　草莓鲜果不易贮存，货架寿命短，易造成损失，选择鲜食和速冻加工兼用型品种，有利于扩大市场。加工草莓酱、草莓汁的品种应选择果肉红色、汁多、可溶性固形物含量较高；速冻品种要求果肉红色，果形完整，大小均匀，单果重 7～12 g，硬度较大，有香味，酸度适中。此外，能吸引人、挂果时间长、观赏性强的品种也宜适当发展。

三、主要优良品种

草莓栽培的品种很多，全世界共有 20 000 多个，但大面积栽培的优良品种只有几十个。我国自己培育的和从国外引进的新品种有 200～300 个。现将生产上主要的栽培品种简介如下。

（一）我国育成的品种

1. 硕丰　硕丰是江苏省农业科学院园艺研究所从美国引进的 MDUS4484 × MDU4493 杂交后代中培育而成，1989 年 通过鉴定。果实短圆锥形，平均单果重 15～20 g；果面平整，橙红色，有光泽；果肉红色，质细韧，果心无空，风味偏酸，味浓；含可溶性固形物 10%～11%，糖/酸比较低，维生素 C 51.9 mg/100 g。植株长势健壮，株态直立，矮而粗壮，直立；叶征厚、圆形、平展，叶面光滑；花序高于叶面或与叶面平，每株平均有花序 3 个，每序平均着生 8.6 朵花。该品种果实硬度大，极耐贮运，在常温下置塑料小盒中保存 3～4 天不变质。丰产性能好，且小果少，耐高温及抗寒力均强。休眠深，为晚熟、丰产、多抗的优良草莓品种，适宜长江中下游露地栽培。

2. 明晶　明晶为沈阳农业大学从美国品种“日出(Sunrise)”自然杂交实生苗中选出的早中熟品种，1998 年通过审定。果实大、近圆形、整齐。一级序果平均重 27.2 g，最大果重 43 g。果面红色、平整、光泽好，果实硬度较好，果肉红色、致密、髓心小。风味酸甜，含可溶性固形物 8.3%，品质上等。果实硬度较大，果皮韧性强，耐贮藏运输。植株较直立，分枝较少，叶片椭圆形，呈匙状上卷，叶较厚、具光泽，叶色较深。株高和株径约 33 cm。花序低于叶面，两性花，单株平均抽生花序 1.8 个，每花序平均有 9.7 朵花。该品种越冬性、抗寒性、抗晚霜性和抗旱性较强。地区适应性广。每 667 m^2 栽培密度宜 1 万～1.2 万株，为早中熟品种，丰产。适宜在东北和华北露地栽培。

3. 明旭　明旭是沈阳农业大学以明晶为母本，爱美为父本杂交培育而成，1995 年通过审定命名。植株生长势强，直立，平均株高 30.6 cm，叶大而厚，卵圆形，花序梗较粗，与叶面等高，单株平均有花序1.5 个，匍匐茎繁殖能力强。果实近圆形，均匀整齐，果面红色有光泽，着色均匀，萼片平贴，易脱萼，果肉粉红色，香味浓，甜酸适口，品质优，可溶性固形物含量 9.1%，维生素 C 64.3 mg/100 g。一二级序果平均单果重 16.4 g，最大果重 38 g。露地栽培，每 667 m^2 产量1 000 kg，高于宝交早生，果实较耐贮运、抗病性强。由于果实基本上是悬空生长，不与地面接触，果实不污染，未见有白粉病、灰霉病等病害。明旭是早熟品种，成熟期比宝交早生提前 6 天，植株抗寒性强，无冻害。该品种适于辽宁省等北方地区露地栽培，栽培时宜适当密植，每 667 m^2 栽植1.2万株左右。

4. 春旭　春旭系江苏省农业科学院园艺研究所以春香或波兰品种杂交育成，2000 年审定并命名。植株生长势中等，较开张，株高 29 cm，冠径约为 23 cm，叶片长圆形，单株有叶 6～10 片，叶面光滑，叶柄细长，叶梗基部稍呈红褐色；花序平于或高于叶面，每株有花序 2～3 个，匍匐茎抽生能力强，每株可繁殖匍匐茎苗百余株。果实长圆锥形，平均单果重 15 g，最大 36 g，果面平整，鲜红色，光泽强，种子小，分布细密，略凹于果面，果实柔软，果肉红色。肉质细，汁多，味香甜，品质优，可溶性固形物含量 11.2%，维生素 C 53.7 mg/100 g。春旭休眠期短，对低温需求量少(40 h 以内)，耐热，耐旱，也耐低温，较抗白粉病。丰产性好，大棚栽培每 667 m^2 量在 2 000 kg 左右。在南京地区 12 月中下旬果实开始成熟，采收期可持续到翌年 5 月末。该品种适宜设施促成栽培。

5. *星都 1 号和星都 2 号* 星都 1 号和星都 2 号是北京市农林科学院林业果树研究所 1990 年以 All star(全明星)为母本，丰香为父本杂交培育而成的新品种，2000 年通过北京市农作物品种审定委员会审定。

星都 1 号植株生长势强，株态较直立；叶椭圆形，果实圆锥形，红色偏深有光泽，种子黄绿红兼有，分布均匀。北京地区露地栽培成熟期 5 月 12 日，果实发育期为 25～30 天，一级序果平均果重 25 g，最大果重 42 g，果实外观评价上等，风味酸甜适中，香味浓，肉质评价上等，可溶性固形物含量为 8.85%，每 100 g 果肉中含维生素 C 为 54.49 mg，总糖 4.99%，含酸量 1.42%，糖酸比 3.5∶1，果实硬度 0.404 kg/cm^2；每 667 m^2 产 1 500～1 750 kg。果肉深红色，适合鲜食及加工速冻制汁、制酱。为早熟、大果、优质、果实硬度大，耐贮运品系，适于半促成栽培。

星都 2 号植株生长势强，株态较直立，果实圆锥形，红色略深有光泽；种子黄、绿、红色兼有。北京地区露地栽培成熟期为 5 月 7 日，果实发育期为 25～30 天，一级序果平均果重 27 g，最大果重 59 g；外观评价上，风味酸甜适中，香味较浓，肉质评价中上等，可溶性固形物含量为 8.72%，每 100 g 果肉中含维生素 C 为 53.43 mg，总糖 5.44%，含酸量 1.57%，糖酸比 3.46∶1，果实硬度 0.385 kg/cm^2；每 667 m^2 产 1 500～1 800 kg，可用于保护地栽培。果肉深红色，适合鲜食和加工。为早熟、大果、丰产、果实硬度高、耐贮运的新品系。

6. *石莓 1 号* 石莓 1 号是河北省农林科学院石家庄果树研究所从引进的单株中选育而成，1990 年通过审定命名。植株生长势强，较直立，株高 31.3 cm。每株平均抽生匍匐茎 5.7 个，叶片厚，长圆形，色绿，叶面光滑，茸毛少，叶缘锯齿深，托叶大。花序低于或平于叶，果重 19.8 g，最大果重 31 g。萼片小，除萼容易。种子深红色，陷入果面深。果实整齐，美观，长圆锥形，色鲜红，有光泽，果实硬度大，果肉橘红色，味酸甜，有香味。可溶性固形物含量 10.2%，维生素 C 98.3 mg/100 g，糖酸比 5.22∶1。该品种丰产性能好，平均产量为 334.6 g，畸形果少，抗逆性和耐贮性均较好，抗病性较强，休眠期短，为优良早熟品种。鲜食和加工均知宜，既可露地栽培，也适宜设施拱棚栽培。

7. *石莓 3 号（春星）*　石莓 3 号是河北省农林科学院石家庄果树研究所用优系（春香×海关早红）为母本，全明星为父本杂交育成。2001 年通过省级审定并命名为春星。植株生长势强，较直立，株高 23 cm，叶较厚，近圆形，深绿色，叶缘锯齿深。匍匐茎生长势强，每株能抽生匍匐茎 6 条。花冠大，每株有花序 2～4 个，每花序有花 9 朵，花序低于叶面。果实圆锥形或楔形，色鲜红，有光泽，果个大而整齐，一二级序果平均单果重 30.3 g，最大果重 78.7 g，果肉橘红色，肉细，多汁，香味浓。品质上，可溶性固形物含量 11%，维生素 C 127.3 mg/100 g，果实硬度 0.48 kg/cm^2。产量高，平均单株坐果 25 个，平均株产量 467.7 g，最高达 557 g，每 667 m^2 产量 2 500 kg 左右。该品种成熟期比全明星早，产量增加 1 倍左右，对灰霉病、炭疽病有较强抗性，但易发生叶斑病。石莓 3 号是早熟品种，综合性状优良，露地和设施栽培均适宜。

8. *石莓 4 号*　石莓 4 号系河北省农林科学院石家庄果树研究所育成。1995 年杂交，亲本为宝交早生×石莓 1 号，2003 年 9 月通过省级鉴定。植株生长势较强，株高 30 cm，株展 38 cm×40 cm，叶片椭圆形，黄绿色，叶面光滑，茸毛少，叶片长 9.4 cm，宽 8.5 cm，叶缘锯齿 22～33 个，叶柄长 17～25 cm，绿色，茸毛中多，托叶粉红色；两性花，花瓣白色，圆形，每朵花有花瓣 5～8 个，花粉量大，花柄长 3～10 cm，花序稍低于叶面，每株有花序 2～5 个，每序结果 7～11 个。萼片近椭圆形，主萼片平贴果实，副萼片翻卷，除萼容易。每株抽生匍匐茎 8～10 个，出苗 14.9 株。果实圆锥形，橘红色，外观美，大小均匀整齐，平均单果重

21.7 g，一级序果为 36.7 g，最大黄绿色，稍陷果面，可溶性固形物含量 9.44%，总糖 6.81%，总酸 0.64%，维生素 C 109.1 mg/100 g，果实硬度 0.418 kg/cm^2，较耐贮运，品质上。该品种在当地露地栽培，2 月下旬萌芽，3 月上旬现蕾，3 月中旬开花，4 月末成熟，采收高峰期为 5 月中旬，5 月底至 6 月初采收结束。产量高，平均株产 393.1 g，最高达 589.6 g，每 667 m^2 产量可达 3 000 kg 左右。该品种较耐低温，对叶斑病抗生强，对白粉病、灰霉病也有一定抗性，设施和露地栽培均宜。

9. *新明星*　新明星系石家庄果树研究所 1987 年从美国品种全明星中选出。经济性状和丰产性能都优于全明星，在当地 5 月中旬开始采收，属中晚熟品种。植株生长势强，株冠 37.2 cm×38.4 cm。叶片椭圆形、浓绿、较厚，叶面光滑、多茸毛，叶柄绿色，向阳面红色，托叶大。每株有花序 4～8 个，花序分枝为二歧，低于叶面。果实大，平均单果重 24 g，最大果重 56 g。果实整齐，呈楔形。果面鲜红色，有光泽。种子黄色，个小，隐入果面较浅。果实坚韧、硬度大。果肉橘黄色，髓部空，果汁较多，酸甜芳香，含可溶性固形物 9.8%。耐贮性好，常温下可贮存 3～4 天。丰产性能较好，抗逆性好，为鲜食、加工兼用品种。休眠期较短，早熟，适于设施和露地栽培。

10. *石桌一号*　石桌一号是重庆市农科所与石桌村农民合作以丽红×(宝交早生×索非亚)杂交组合，经过多年选育成的优良品种。植株生长势强，较直立，匍匐茎易抽生。叶椭圆形，色浓绿，叶面平展，大而肥厚，有光泽，叶柄较长，花序低于叶面，单株有花序 3 个，每花序平均有花 14 朵。果实短圆锥形，果面深红，光泽强，果肉淡红色，髓心稍空，质地细软，汁液多，甜酸适口，品质佳。果个大，平均单果重 20.6 g，最大果重 120 g。一级序果平均单果重 50 g。可溶性固表物含量 8.8%，维生素 C 62 mg/100 g。产量高，每 667 m^2 平均产量 1 526 kg。该品种抗逆性强，在南方高温季节，不需采用遮阳措施，能安全越夏。抗病性强，对田间病毒病达到抗性级水平，也抗黄萎病，果实耐贮性稍差，成熟期比宝交早生晚约 5 天。为中晚熟品种，适宜露地栽培。

(二)国外引进品种

1. 宝交早生　日本品种。八云和达娜杂交育成，1960 年登记命名。植株较开张，生长势旺盛，容易繁殖，叶片椭圆形，叶缘稍向里卷，叶色深绿有光泽；花序低于或等高于叶面。果实圆锥形，果基有颈，果面鲜红艳丽。种子红色或黄绿色，凹入或平嵌果面。萼片平贴或稍反卷。果肉橙红色，髓心较实，汁液红色，质地细嫩，香甜味浓，品质极上。含可溶性固形物 8%～10%。第一级序果平均单果重 17.4 g，最大果重 24.5 g。该品种适应性广，解除休眠需 5℃以下低温 400～500 h。产量较高，果数多；抗轮斑病强，苗期较易发生炭疽病；果实较软，不耐贮运，抗灰霉病较差。是目前推广面积较大的品种。早中熟品种，可用于露地栽培、半促成栽培和冷藏延迟栽培。

2. 丰香　日本农林水产省蔬菜试验场以绯美香 ×春香杂交育成，1983 年命名登记，我国 1985 年引进，目前在国内栽培面积较大。果实圆锥形，整齐，平均单果重 10～15 g，比宝交早生大；果面鲜红，有光泽；果肉白色，细密，风味甜，香气浓，品质优；含可溶性固形物 11%，维生素 C 54.6 mg/100 g。果实硬度高于宝交早生，设施栽培中冬春季上市时较耐贮运。露地栽培时，植株长势强，且呈徒长状态，从而影响结果及产量。在设施中作促成栽培，早期产量及总产量均较高，抗白粉病能力弱，应注意白粉病防治。为休眠浅的早熟、优质、高产促成栽培品种。

3. 香绯　系美国培育的草莓新品种，目前正在欧洲积极推广。该品种条件适宜一年四季连续结果；如采取设施栽培，能在夏秋旅游旺季和重要节日生产高档草莓，生产成本低。特征特性：植株小，生长健壮，叶片厚，匍匐茎抽生中等；抗旱、耐高温，抗病，有广泛的适应性，辽宁省丹东试种突出表现为秋季开花早、花量大、品质好。果实圆锥形，果个大，果形规整；果面红色，有光泽；果实紧硬，适合长途运销；果味香甜，口感好，风味浓；丰产、稳产。

4. 鬼怒甘　鬼怒甘是日本栃木县宇都宫市渡边宗平从女峰品种选

育出的株变，1992 年注册登记。植株生长势旺，株态直立较开张，几乎无生长衰退期，叶片较大，长椭圆形，色浓绿。匍匐茎易发生。花序梗长，花序低于叶面。果实圆锥形，浓红色有光泽，果肉红色，外表美，肉质细，口感甜，有芳香味，一级序果平均单果重 28 g，最大果重 68 g，大、中果率可超过 60%以上。可溶性固形物含量 12%～14%，果肉硬度比女峰和宝交早生大。该品种休眠浅，打破休眠需 5℃以下低温 50～70 h。适应性广，耐高温又抗寒，抗病性好，较抗白粉病和灰霉病。花序多，连续抽生能力强，可连续结果 6 个月。产量高，日光温室促成栽培，一般每 667 m² 产量 3 000 kg 以上，最高可达 5 000 kg，适于促成与半促成栽培。

5. 章姬　章姬为日本品种，亲本为久能早生×女峰，1990 年注册登记。植株生长势强，直立开张，叶片大，长椭圆形，叶较薄，心叶窄小或有扭曲，花序低于叶面，柄粗蕾大，匍匐茎抽生能力强，繁殖系数高。子苗生根后易形成花芽。果实生圆锥形，红色，果肉淡红色，果心白色，果肉细腻，叶甜，形美，平均单果重 38 g，一级序果平均重 45 g，最大果重超过 100 g，畸形果少。但高级次的序果明显要小，与一级序果相差较大。产量高，每 667 m² 产量可达 2 500 kg，可溶性固形物含量 9.1%，含酸量低，为 0.52%，香味浓，品质优。果实较软，不耐贮运，休眠期短，5℃以下低温 40～50 h 即可过休眠期，对炭疽病有中等抗性，易感白粉病。章姬为早熟品种，适于设施促成栽培。栽培时顶花序留果数要多，一般为 12～15 个，果实八成熟时即应采收。

6. 幸香　是日本专家以丰香与爱莓杂交育成的优质、抗病、高产草莓新品种，1996 年登记，1999 年引入我国并试种成功。其综合性状表现如下：幸香的果实为长圆锥形，果形比丰香整齐，畸形果少。果实表面深红，具有光泽，亮丽美观。果肉浅红色、细腻、味香甜。糖度比丰香高 12%以上。维生素 C 含量比“丰香”高 15%～30%。果实硬度大于丰香 30%，宜于完熟期收获。耐运、耐贮，商品率高。幸香平均单果重 20 g 以上，较大果重 30 g 以上。一般 667 m² 产优质草莓果 2 550 kg 以上，是适应市场需求，能达到高产、优质、高效的理想品种。幸香叶呈长圆形，与“丰香”相比叶色浓绿，叶片肥厚，植株半直立。根系发达，生长健壮，长势旺，种苗繁殖系数高。休眠期与丰香相近，适宜促成栽培。抗白粉病，栽培管理简单，生产成本低。

7. 全明星　全明星系美国农业部马里兰州农业试验站1981年育成，当年引入我国，为中熟品种。植株生长势强，株态直立，株高24.8 cm，匍匐茎繁殖力强。叶片椭圆形，色深绿，有光泽，叶脉明显。每株有花序2～3个，花序梗直立，低于叶面，种子少，黄绿色，凸出果面。果实圆锥形，橙红色，果形整齐，光泽强，外观鲜艳，风味酸甜适中，果肉淡红色、汁多、有香味，可深性固形物含量8.7%，维生素C 52 mg/100 g。果肉硬度大，为0.31 kg/cm^2，极耐贮运，常温可存放2～3天，果实冷冻后能保持良好的颜色和品质。果个大，一级序果平均果重21 g，最大果重40 g，不同序级间果实大小差别较小。该品种休眠深，低温量为500～700 h，抗病性强，抗叶斑病和黄萎病。鲜食、加工制酱均好；产量较好，小拱棚栽培，每667 m^2 可产1 500 kg左右。综合性状优良，在国内栽植面较广，适于露地和设施中、小拱棚栽培。

8. 明宝　日本以春香×宝交早生杂交育成。果实圆锥形，平均单果重10 g，在设施栽培中果型小于丰香；果面橙红色，稍淡；果肉白色，柔软多汁，风味甜，具独特芳香；含可溶性固形物9.4%～12.4%，维生素C 81.0 mg/100 g。果实硬度小，耐贮性差。植株长势中等，株态直立，叶片较大。在设施栽培下，植株能连续显蕾，果实不断成熟上市，前后产量较均衡。在中部草莓种植区的偏北地区种植，由于耐低温性优于丰香，故产量较稳，且畸形果少，但外观不佳，果面着色较淡。抗白粉病，对灰霉病抗性也好于宝交早生。为休眠浅的早熟、优质、高产的促成栽培品种。

9. 女峰　日本衡木县农业试验场以[达娜×(春香×达娜)]×丽红杂交育成。果实圆锥形，整齐，平均单果重12～13 g，果面鲜红色，色泽鲜艳，光泽强；果肉淡红色，质细、较致密，风味甜微酸，香气浓郁；含可溶性固形物9.8%，维生素C 49.8 mg/100 g。果实耐贮性较好。为促成栽培品种中果实性状最佳者之一。植株长势强，露地栽培时易生长过茂，结果不良。在设施栽培中花芽分化早，开花早，前期产量高，但保温效果不好时，低温下易授粉不良，结实率低而影响促成栽培产量。因此，在冬季气温较低时采用大棚覆盖栽培往往产量不及明宝、丰香。对灰霉病抗性比宝交早生强，但高温期易患轮斑病。为早熟、品质佳的设施促成栽培品种。

10. 静宝　日本静冈县农业试验场以(久留米卫 03 ×宝交早生)×宝交早生杂交育成。果实长圆锥形至长楔形，平均单果重 13 g 左右；果面着较深红色，有光泽，成熟过度颜色变暗；果肉白色，果心部稍空虚，肉质细，柔软多汁，风味甜酸适中，味浓；含可溶性固形物 10%～12%，维生素 C 64.3 mg/100 g。果皮较韧，耐贮性优于宝交早生，不及女峰。植株长势较强，株冠大，较直立。丰产性好，在促成栽培中若结果过度会造成植株早衰，长势转弱。抗黄萎病。休眠浅，5℃以下低温约 40 h 即可打破休眠。为早熟、大果的设施促成栽培品种。早熟，主要用作鲜食，适于制作果汁及果酱。可在中部草莓种植区或偏南及偏北部作促成栽培或半促成栽培。

11. 弗杰尼亚　弗杰尼亚又名杜克拉，为西班牙早熟品种，我国 1993 年引进。植株健壮，生长势强，株高 22 cm，叶片椭圆形，呈黄绿色，叶面光滑，茸毛较多。匍匐茎抽生能力强，每株可繁殖 30～60 株，花序平于叶面，一级序果的果实多为宽楔形，二级序果多为长圆锥形，每株有花序 3～5 个。果色鲜红，果面平滑，光泽强，果肉细腻，髓心中空，叶酸甜，稍有香味，果实外观艳丽，一级序果平均单果重 36 g，最大果重 86 g。果实硬度高，耐贮运。该品种的自花结实能力强，极丰产，可连续抽生花序 5～6 次，每 667 m^2 产量 3 000 kg 左右。可溶性固形物含量 12%，维生素 C 88 mg/100 g。适应性强，抗病性强，极抗白粉病，休眠浅。果实鲜食或加工均适宜，既可设施栽培，也可露地栽培，尤其适合日光温室栽培，是兼用型优良品种。

12. 美香莎　美香莎系荷兰品种，我国 1998 年引进，为欧美日市场公认的鲜食优质品种。植株生长势强，匍匐茎发生较多，叶大而厚，深绿色。果实长圆锥形，其纵横径平均为 6.9 cm×3.7 cm。果面深红色具光泽，果肉红色。种子红色或橙黄色，凹入果面。口感香甜，微酸，味浓，品质优。可溶性固形物平均含量 10.9%，最高达 14%。果肉硬度大，高于丰香、全明星等品种，硬度保持期长，耐贮运。果个大，一级序果平均单果重 47.4 g，最大果重 102 g。产量高，每 667 m^2 产量可达 3 000 kg。美香莎是极早熟品种，比丰香早熟 7 天左右；对气候、土壤的适应性广，对多种病害有很强的抗性，高抗白粉病。休眠浅，需冷量与春香相同，解除休眠需 30～50 h 低温。该品种适于设施促成栽培。因只有在完熟时（即果颈也为深红色）才能有最佳口感，否则酸味较广，故应掌握好采果时期。

13. 森嘎拉　森嘎拉（Senga sengana）是波兰品种，1986 年引进，是最重要的加工品种。波兰是世界上最大的草莓加工速冻出口国，此品种的种植面积占波兰的 80%左右。它具有果实整齐美观，汁多，色深红，甜酸适口，易除萼等加工要求的性状。植株生长势强，较直立，叶大，近圆形，叶柄粗，叶深蓝绿色。匍匐茎繁殖能力较弱，节间短。果实短圆锥形，光泽强，种子黄绿色，平于果面，肉质细，有香味。可溶性固形物含量7.7%，维生素 C 64.8 mg/100 g。每株可抽生花序 3～7 个，花序低于叶面。一级序果常具棱沟，平均单果重 25 g，最大果重 40 g。丰产性好，露地栽培每 667 m^2 产量 1 500～2 500 kg，高于美国加工品种哈尼。果实较硬，抗病能力较强，尤其抗叶部病害能力强。为中熟或中晚熟，收获期较短，一般为 15～20 天。该品种适宜露地栽培。

14. 哈达　哈达是于 2000 年从以色列引进。植株生长势较强，株高 28.2 cm，叶片大，椭圆形，深绿色，叶柄粗壮，叶柄长 14.6 cm。匍匐茎抽生能力较强，单株最高每年可繁殖 100～150 株。花序分枝部位很低，花序与新茎距离仅 2.9 cm，每株可抽生 4～5 次花序，每个花序平均有 15.5 朵花，无效花比率低，果个较一致。果大，果实短圆锥形，平均单果重 32.3 g，最大果重 125.6 g。果碳红，光滑发亮。种子浅黄色，分布均匀，深嵌果面。肉质细，橘红色，稍空心，无白筋，汁多，味香，酸甜可口。可溶性固形物含量 12.3%，果实硬度大，耐贮运。产量高，每 667 m^2 产量可达 2 973.5 kg。该品种耐高温，但耐低温能力差，较抗白粉病，休眠期短，适宜在高温棚(冬暖棚)进行设施促成栽培。

15.赛娃 是山东农业大学罗新书教授2000年从美国引入我国。经两年栽培进行观察发现有以下几大优点。果顶稍扁，果基部直径4～5 cm，长4～7 cm，大型果，平均早果重31.20 g，最大单果重138 g。红色，光滑具明亮的光泽，非常美观。种子黄色，分布均匀，稍凹陷。萼片较小，窄而尖，向下翻卷。果柄基部稍凹陷，果肉肉质细，橘红色，质地硬度大，汁液中多，味香，酸甜适口，髓心部分稍有中空。可溶性固形物含量均匀13.50%，最高16.20%。植株大，生长直立而紧凑，平均株高20 cm，株径35 cm，每株抽生新茎2～5个。夏秋可连续抽生新茎，分枝力较强。叶片大，椭圆形，叶色浓绿，厚而有光泽，中脉、侧脉凹陷。锯齿钝圆，锯齿边缘有茸毛。叶表面有稀疏茸毛，叶背面茸毛多，叶缘外卷。叶柄直立、粗壮，密生茸毛，平均长度13.10 cm，直径0.30 cm。托叶小，浅绿色，有或无。匍匐茎开始直立生长，随后向有空间的地方下垂沿地面匍匐生长，直径0.31 cm，具有纤细而稀疏的茸毛，有多次抽生能力，每株可抽生5～7条匍匐茎，每条可分株4～6株。每个新茎上具1～3个花序。花多低于叶面，花序梗粗壮。每个花序上有1～3朵花，两性花，白色，花冠直径2～3.50 cm，花托直径为1.80 cm，花瓣5～9个，雄蕊22～32个，雌蕊多数。花梗长5.80 cm，茸毛多。赛娃对叶部病害有极强的抗性，连续4年种植未见白粉病等危害。露地栽培的赛娃草莓3月中旬萌芽，3月下旬至4月初开花，随后陆续开花结果，直到11月初。能满足中秋节、国庆节市场供应。赛娃生长健壮，直立而紧凑，一年多次成花，花序多，花量大，四季结果。10月下旬随气温下降扣棚，结合设施栽培，实现一年四季开花结果。

16，美德莱特 山东农业大学罗新书教授2000年从加拿大引入。果实长圆锥形，果尖扁，果基部稍微凹陷；大型果，平均单果重28.60 g，最大单果重87 g；种子黄色，稍凹陷。果实表面平滑，阳面鲜红，阴面橘红，有光泽，极美观；果肉深橘红色，髓心部分稍有中空，汁多，味浓香。可溶性固形物含量平均12.80%，最高达16.30%。株型中大，生长直立而紧凑，平均株高18 cm，株径34 cm，叶片大，椭圆形，叶色深绿，厚而有光泽，叶表面有少量茸毛，叶背面、叶脉茸毛多，叶面侧脉凹陷；叶缘锯齿少、钝圆、边缘茸毛较多，叶缘稍向下卷：叶柄直立粗壮，茸毛多，平均长 9.05 cm，直径 0.32 cm，绿色；春季平均每株可分生 4 个新茎，夏秋可续抽生新茎，每个新茎有 4～8 片叶；花序为伞形花序，每个新茎分生 1～3 个花序，每个花序有 l～4 朵花；花白色、花冠直径 2～3.50 cm，单瓣花，个别重瓣，每花有 5～9 个花瓣，雄蕊 22～32 个，雌蕊多数；花梗平均长 5.80 cm，茸毛多，但比叶柄上少。匍匐茎直立生长，随着延伸生长而变成地面匍匐生长，每株可抽生 5～7 条匍匐茎，每条可分生 4～6 株。美德莱特草莓生长健壮，一年可连续成花，多次结果，花序多，花量大，产量高。单株年累计产量可达 800 g，最高达 1 180 g，按每 667 m^2 定植 11 000～13 000 株计算，累计年产量一般为 7 000～8 000 kg，最高可达 10 000 kg 以上。美德莱特草莓抗病性强，据观察，未见白粉病、黄萎病、叶枯病等病害发生。露地栽培的美德莱特草莓 3 月中旬萌芽，3 月下旬初花。从 3 月中下旬开始，陆续开花结果，一直延续到 11 月初。在山东进行保护地栽培，10 月下旬扣棚，可实现四季开花结果，据观察一年四季无明显的休眠期。

提示问答

1. 草莓良种的选择条件包括哪些方面？

2. 目前我国栽培的主要优良草莓品种包括哪些？

第四章

无公害草莓育苗技术

阅读指南　本章主要介绍了无公害草莓的育苗技术，包括种苗培育、匍匐茎苗的培育，介绍了山地育苗、遮光育苗、冷藏电照育苗、夜冷育苗和盆钵育苗等促进花芽分化的育苗技术；介绍了草莓无病毒苗的培育；介绍了美国草莓穴盘苗生产技术，供读者参考。

一、种苗培育

草莓育苗首先应根据所要进行的栽培作型，选择适宜的栽培品种，有条件的应采用脱毒苗做育苗母株，没有条件也应选那些健壮的植株做母株。

（一）优良母株的选择

壮苗是生产的基础。草莓苗的培育以匍匐茎繁殖为主，在生产上，在所选择品种的母株上培养出健壮秧苗，定植时壮苗的标准达到：叶片5～6枚，短缩茎粗1 cm以上，根系强大，苗重40 g。具体措施是：选择优良母株应在生长季进行。选择叶片较粗、较大、生长健壮、连续显蕾果形符合品种特性的植株，加以标记，作为母株。选好的母株移至繁苗圃，按 20 cm 的株行距移栽，对用于繁殖秧苗的母株上出现的花蕾，全部摘除，不让其结果，以促进匍匐茎提早出现。如果从外地购进幼苗，栽植时应将植株外围的大叶剪掉，只留中间 2～3 片叶，这样可减少水分蒸发，提高成活率。

通常采用匍匐茎繁殖育苗，育苗方法和技术对苗的质量有很大影响。除露地栽培外，草莓还有促成栽培、半促成栽培及抑制栽培等栽培方式，栽培形式的多样化使育苗技术趋于复杂，形成了平地育苗、盆钵育苗、遮光育苗、夜冷育苗等不同的育苗方法，以适应不同栽培形式对栽植苗的要求。

(二)种苗移栽及管理

1. 繁苗田的准备　选择无病菌非连作地块，对连作地应提前进行土壤消毒。繁苗田应土壤肥沃、孔隙度高，最好事先施入充足的生稻草、秸秆或堆厩肥，并准备好排灌设施，以便于高温干旱季节及时灌溉。每 667 m^2 施腐熟有机肥 5 000 kg，氮磷钾复合肥(氮 9.5%、磷11.3%、钾 10.4%)30 kg。深翻地下与土壤充分混合均匀，然后耙平，做成平畦，畦宽 1.5 m，每畦栽 1 行，株距 1～1.1 m，每 667 m^2 栽 400 株左右。

2. 种苗移栽　育苗栽植要适时，栽植时间春天以 4 月份较为适宜，如果是假植苗带土栽植，5 月份也可以。春天只浇小畦，可节水，减少划锄量，并利于育成壮苗。幼苗成活后，要保持土壤湿润，种苗移栽时期在日平均气温 12℃以上较好，此期利于发根活株，栽植过迟，则会使子株苗繁殖数量减少。定植时应摘除枯叶和花蕾，为防止伤根，应带土移栽。栽植密度以每公顷繁苗田栽母株 6 000～7 500 株为宜。

3. 肥水管理　种苗定植后，要立即灌足水，次日再覆水 1 次，并不断浇水保持土壤湿润。有条件地区可采用自动喷灌装置喷滴保温，也可选择灌排方便田块，开好田间排水沟，按土壤潮湿又不积水的要求，为种苗及匍匐茎生长提供适宜水分条件。草莓繁苗田应营养充足，在作垄时先施入腐熟菜饼每公顷 1 200～1 500 kg，尿素 75 kg，过磷酸钙 375 kg。种苗成活后，配合灌水按每公顷标准氮肥 30～45 kg 加入水中泼浇，注意浓度不宜过高，防止烧苗。

4. 喷布赤霉素　匍匐茎发生数量多少与体内赤霉素积累量有关，赤霉素积累多，有助于匍匐茎发生。匍匐茎抽生较少的品种植株应在其开花后摘除花茎，然后喷布赤霉素 30～50 mg/kg 1 次(南京地区在 4 月中旬)或 2 次，喷布 2 次时，第二次应在第一次喷布后 1 周进行。喷赤霉素效果随种苗定植时间的推迟而减弱。

5. 摘花穗　4 月中旬至 5 月中旬，是南方或北方草莓植株花穗旺盛发生期，为使营养集中，促进种苗的营养生长和抽生匍匐茎，应随时检查母株生长状态，及时摘除花蕾及花穗，但摘花穗时应小心谨慎，以免损伤腋芽，减少匍匐茎抽生。

6. 小拱棚覆盖　在气温较低的地区为了促进早发匍匐茎，可在种苗定植后覆盖小拱棚保湿。覆盖时可使用开孔率在 6%左右聚乙烯薄膜，开孔程度大约每隔 10 cm 开一孔。覆盖开孔的小拱棚，由于温度提高，蒸发量大，土壤易干燥，因此应充足灌水。为防止白天高温，当棚内温度高于 30℃时，应打开拱棚，傍晚起继续覆盖。在匍匐茎大量抽生时撤除拱棚。

二、匍匐茎苗的培育

草莓种苗抽生匍匐茎后，自匍匐茎第二节开始有不定根发生，扎到土壤后即可成为匍匐茎子株苗，为了培育出健壮子株苗，应加强匍匐茎苗培育。

(一)匍匐茎苗的培育

1. 匍匐茎整理　抽生匍匐茎后，定期检查繁亩田，将相互靠得太近的匍匐茎适当拉开，使匍匐茎子株苗之间尽可能分布均匀，保证其有足够生存空间，充分吸收水分养分和利用光能。夏季高温过后，气温稍凉，草莓再次进入匍匐茎抽生高峰，而此期抽生的匍匐茎苗苗期很短，至定植时难以达到壮苗标准。任其生长又会影响早期抽生的匍匐茎苗的生长，应剪除过密拥挤匍匐茎及其小子株苗，减轻田间的郁闭程度。也有的在此时喷布多效唑 100～300 mg/kg，抑制后期匍匐茎的抽生。

2. 压蔓　匍匐茎抽生初期先向上生长，接近叶面高度时匍匐生长，为了使匍匐茎上发生的不定根及时扎入土中，应在子株苗有 2 片叶展开时压蔓，压蔓可结合匍匐茎整理同时进行，匍匐茎抽生后，将其引向母株四周，并在匍匐茎叶丛基部培土，促进其生根用泥土将匍匐茎节段压牢。在定植前的 20 天，将匍匐茎苗与母株相连的茎剪断。

3. 肥水管理　采用覆盖黑色窗纱遮光，进行短日照处理，暂时停止氮肥供应等措施，促进秧苗的花芽分化。匍匐茎扎入土中后，每隔 15～20 天浇 1 次稀人粪尿或尿素；8 月中旬以后增加磷钾施用量，可用 0.2%磷酸二氢钾作根外追肥，减少氮肥施用，以免影响花芽分化。水分的管理仍以土壤湿润不积水为宜。夏季暴雨过后，利用水田做繁育圃的田块易积水，要及时清沟排水。

4. 防除杂草　种苗定植后至匍匐茎苗布满田块需几个月的时间，此时正值夏秋杂草滋生季节，稍有疏忽常会造成繁苗田草荒，严重影响草莓繁苗。可在垄中间作其他作物并及时松土除草控制草害。

5. 防治病虫　繁苗田中匍匐茎子株苗生长期正值高湿时期，此时草莓病虫危害猖獗。常见害虫有蛴螬、斜纹夜蛾等，可用 50%辛硫磷加水泼浇。危害草莓匍匐茎子株苗生长的病害有炭疽病和叶斑病等，以炭疽病危害最严重，自匍匐茎发生至移栽时均可发生，应提早进行药剂防治，具体方法见病虫害防治。

(二)匍匐茎苗的假植

普通繁苗繁殖是利用母株匍匐茎上发生的子株苗直接培育，子株不脱离母株，直到草莓定植时将苗移出繁育田。若在草莓定植前一段时期选择生命力强和无病虫害的子株苗移植到事先准备好的苗床上培育。子株苗移植时的断根及苗床土壤环境的改变，使匍匐茎苗质量较普通繁苗田繁殖的有很大提高。

1. 匍匐茎苗假植的优点　第一，促进了匍匐茎苗初生根和细根的发生，扩大根系，增强了根系对营养、水分的吸收能力。第二，改善了通风透光条件，增强匍匐茎的光合作用，促进植株有机营养积累。第三，使匍匐茎苗在土壤和空间利用上更为均衡，避免植株郁闭，减少病害虫的发生，子苗整齐度提高。第四，在苗床上便于管理，有利于采取措施调节草莓花芽分化，便于进行棚室栽培。

2. 匍匐茎苗假植的方法

(1)假植适期　根据草莓栽培形式所需要的定植适期而定，以定植前 30～60 天假植为宜。8 月底，将苗子从繁苗圃中起出，按大小分级后进行假植。株行距 10 cm×10 cm。假植后及时浇水，然后盖上遮阳网，7 天后，逐渐揭去遮阳网，使苗子充分见光。假植期间可喷洒 50%多菌灵可湿性粉剂 600～800 倍或 70%甲基托布津可湿性粉剂 500～600 倍液。同时，对产生的匍匐茎要及时摘掉。

(2)选苗栽植　假植应选用大小一致，具 2～3 片展开叶，初生根多而强健的幼苗为好。如幼苗量不足时，也可采用 3～4 片展开叶的幼苗，但应按苗体大小分别种植。采苗时最好能带土，以减少缓苗时间，若不带土，可将挖起的苗用湿报纸包根，如天气高温干旱，可随身带一小水桶，将幼苗根部浸于水中以防干燥，并做到边挖边种植。为了提高假植成活率，可事先在苗床上用草帘或遮阳网搭阳棚，或直接在棚架上覆盖遮阳网，边种边浇水，使土壤与根紧密结合。如无法搭阳棚时，可以小拱棚形式遮荫，拱棚侧下部需留一空隙，以便通风，做到日盖晚揭，降温保苗，假植的株行距以 15 cm×20 cm 为宜，畦幅不宜过宽，以便于操作。

(3)栽植后的管理　幼苗栽植后应以稀人粪尿点根，并在栽植后 3～5 天内每天浇水 1～2 次，以保持土壤湿度，促进成活。苗成活后除去遮阳物，结合浇水施 2～3 次稀尿素液，以促进幼苗迅速生长。棚室栽培，为使定植苗提早花芽分化，应在 8 月中旬开始停止施氮，并适当控制水分。草莓假植育苗时期正是高温干旱季节，施肥应少量多次，以免产生肥害。幼苗成活后，长出 2～3 片新叶时，应及时摘除老叶和黄叶；到 8 月中旬控制叶量，保持 4～5 片叶，摘叶可减少植株体内赤霉素积累，促进花芽分化。此外，在匍匐茎苗假植时还要注意防除杂草和防治病虫害。

三、促进花芽分化的育苗技术

(一)山地育苗

利用高山上气温比山下平原低的特点来培育草莓苗，以促进草莓花芽提早分化。海拔每升高 100 m，气温下降 0.6℃。在平原气温尚不能满足花芽分化对低温要求时，高山上可能已达到此品种进行花芽分化所需的低温量。山地育苗可在 7 月上旬采苗假植，培育成充实植株，8 月中旬上山，不施氮肥，进行山地育苗；也可在 7 月上旬直接剪取匍匐茎苗上山假植，开始以充足肥水培育壮苗，8 月中旬开始断氮，促进花芽分化。下山定植日期一般在 9 月中、下旬，下山过早，花芽不能分化，下山过迟则延缓了花器的发育，具体日期以山地育苗植株 80%已开始花芽分化，3 天后即可移到山下定植。

(二)遮光育苗

是用苇子、高密度遮阳网或黑色薄膜等材料遮光，以满足花芽分化对短日照条件的需求，达到提早花芽分化目的。遮光处理在降低光照强度、创造短日条件的同时也使植株所处的环境温度有所降低，从而起到了促进花芽分化作用，每天遮光时间以控制日照时数在 10 h 以内，不能过于遮光，否则会使植株同化功能减弱，苗发育差，花器官发育不良。在遮光处理时拱棚要架得高一些，以免由于植株所处环境密闭造成高温伤害，但在山地育苗中采用遮光处理，则不必考虑由此引起温度增高伤苗的可能性。

（三）冷藏电照育苗

是将植株直接置于较低温度的冷藏设备中，满足花芽分化的低温需求，以达到促进花芽分化的目的。冷藏温度 6～18℃间的处理，以 14℃最好。因此，14～15℃冷藏 6～9 天，并以 500 lx 电照每天补光 8 h，效果较好。采用低温冷藏和一定光照条件，可人为控制满足草莓花芽分化所需条件。由于冷库内和田间温差较大，在处理过程中应注意入库前需在 20℃左右气温的环境下炼苗 1～3 天，使其逐渐适应库内温度条件。

（四）夜冷育苗

是使草莓植株白天仍接受自然光照进行光合作用，夜间采用低温处理，促进其花芽分化。宝交早生草莓品种自 8 月 25 日起处理 22 天，每天下午 16 时 30 分移入低温，次日早 8 时 30 分移出放在阳光照射位置，花芽分化比常规育苗方法提早 2 周以上。对开花结果的作用以 10～15℃低温处理较好。

（五）盆钵育苗

是将草莓繁苗田中母株发生的匍匐茎小苗移入塑料盆钵中集中管理，以达到培育壮苗和促进花芽分化目的。具体方法可采用口径 12 cm 塑料软钵装入疏松、肥沃、不带病苗菌的壤土，土中事先施入少量腐熟有机肥，并拌入 30%左右的糠灰，起疏松通气作用。上钵时，在匍匐茎抽生期把营养钵埋在植株旁，稍露出钵口，将 2～3 叶小苗不剪断匍匐茎直接压入盆钵中间，使小苗在盆钵中生根，20 天后搬进防雨棚集中管理。或者先将装好土的盆钵排入防雨棚中，7 月中旬选择繁苗田中已生根的幼苗切离母株，栽入盆钵，集中管理。盆钵育苗刚移入棚中或幼苗采下栽入钵时，应加强水分管理，并适当遮阳保温以确保成活。8 月中旬开始控制灌水，但注意不能控水过头，使苗萎蔫，肥料应先促后控，在早期促进幼苗生长，8 月中旬以后控制氮肥施用促进花芽分化，注意调节好控氮与壮苗的关系。

四、无病毒苗的培育

草莓是极易遭受病毒病侵染的作物。侵染草莓的病毒有数十种，在生产上分布广，危害严重的有 4 种，即草莓斑驳病毒(SMoV)、草莓皱缩病毒(SCrV)、草莓轻型黄边病毒(SMYEV)和草莓镶脉病毒(SVBV)。带病植株一般表现为矮化，叶子变小，小叶周边锯齿锐尖，心叶有时黄化；开花期提早，果实小，匍匐茎不易抽生，产量低。草莓受单独一种病毒侵染，往往无明显症状。但生产上常见的是病毒的复合侵染。传播病毒主要是蚜虫(棉蚜、长毛钉蚜、马铃薯长管蚜等)，也可通过嫁接或菟丝子或土壤线虫的侵害来传播。引种是远距离传播的重要途径。此外，种子也能传播。

(一)栽培无病毒苗的优点

目前世界上尚无有效药剂防治草莓毒病。美国、日本和欧洲等国都广泛采用草莓无病毒苗(脱毒苗)，我国也已推广应用。无病毒苗的优点包括以下几个方面。

1. 增加生长量　无病毒草莓苗由于去除了植株体内所带有的各种病症，使植株的生长发育及其生理代谢都恢复了正常，表现出强劲的生长势。据报道，无病毒草莓苗较普遍带毒苗，株高增长率为 7.8%～42.7%，株冠增长率为 14.7%～39.5%，叶面积增长率为 2.6%～66.7%，叶片数增长率为 12.4%～37.8%，匍匐茎增长率为 26.8%～89.6%，果柄长度增长率为 35.7%，以及其他各项生长指标都明显增强。无病毒苗这些生长势的增强，为植株营养积累和肥水的节约施用以及形成高产打下了坚实的基础。

2. 提高产量　无病毒草莓苗花序多、坐果率高，增产效果显著，平均增产在 20%左右。草莓脱毒苗与非脱毒苗产量比较见表 4-1。

表 4-1 草莓脱毒苗与非脱毒苗产量比较

试验单位	供试品种	小区产量/g	产量比较/%	差异显著性测定	备注
中国农业科学院果树研究所	春香脱毒苗	6 366	141.9	极显著	1988—1989年试验
	对照	4 486	100		
	宝交早生脱毒苗	5 058	121.2	显著	
	对照	4 174	100		
上海市农业科学院园艺研究所	丰香脱毒苗	1 768.1	124.7	显著	1995 年试验
	对照	1 417.5	100		

注:脱毒苗是第一代无病毒原种苗。

3.提高果品质量　无病毒草莓苗能够大大改善果品质量,提高糖、酸含量和果肉硬度,而且贮运性增强,风味较浓,果实着色正常,畸形果率降低等。一般可溶性固形物含量增大幅度为 5.3%～13.5%。这为生产优质果品、增加商品价值奠定了良好的基础。

4.抗病性强　无病毒草莓苗在脱毒过程中不仅主要消除了病毒,而且也消除了植株中其他各种病原菌,包括类病毒、类菌质体、细菌和真菌。加之生长势的增强,极大地提高了无病毒草莓苗的抗病性。因此,在生产中也就降低了对草莓农药的使用数量和次数,为生产绿色无公害优质草莓果品提供了良好的保障。同时,也使生产有机草莓果品更加现实,对我国草莓从数量型转变为质量型生产技术起到了关键的作用。

(二)无病毒苗的茎尖培养和热处理脱毒

组织培养,又叫离体繁殖。无病毒苗就是通过组织培养的技术进行繁殖。培养无病毒苗通常有茎尖培养、花药培养和热处理脱毒 3 种方法。

茎尖培养是在 6～8 月份选生长健壮、小叶尚未展开的新生匍匐茎尖端的 3～4 cm,经冲洗消毒后,在双筒解剖镜下,剥取 0.2～0.3 mm 的茎尖生长点,然后在茎尖分化培养基上培养,35 天左右,即可分化出草莓芽丛。把单芽分开,转移到继代培养基上,经 3～4 次继代培养,可长成 2～3 cm 高的无根植株。然后在生根培养基上诱导生根，20 天左右即可长出根系。生根的试管苗在培养室内经 7～10 天光照锻炼后，移栽到温室或大棚内的沙床中。长出新根和新叶后可移植到有隔离条件的苗圃中，经精细管理，2～3 个月能长出 4～5 片大叶。有 6～7 条 10 cm 以上的根系，株高可达 3～5 cm，植株可做无病毒苗原种保存并做病毒鉴定。

热处理脱毒的原理是：在高温下，植物细胞能继续生长，而病毒受热后不稳定，从而使病毒失去活性或不能生长，持续一段时间后，病毒含量下降，最后消失而达到脱毒目的。病毒种类不同，对热处理的反应也不同。目前常用的是恒温或变温热处理法，把选好的母株在花盆内生长 1～2 个月，促使根系生长，提高耐高温能力。然后将花盆置于 35℃温箱中，每天升高 1℃，直至 38℃后保持恒温，每天光照 16 h，光照强度 5 000 lx，空气相对湿度 60%～75%，这样在 12～15 天可脱除斑驳病毒；皱缩病毒耐热力中等，60 天左右可脱除。镶脉病毒和轻型黄边病毒耐热力强，热处理很难脱毒。沈阳农业大学采用变温处理 30 天，即白天 39℃，夜间 18℃，再进行 38℃恒温处理 46 天脱毒率可达到 100%。热处理后的母株抽生的匍匐茎茎尖可用于组织培养，繁殖无病毒苗。

（三）无病毒苗花药培养技术

中国农业科学院果树研究所采用花药培养草莓无病毒苗，其技术要点如下。

1. 培养基的配制　基本培养基是 MS 培养基，一般应配制 3 种培养基：即诱导愈伤组织和植株分化的 1 号培养基，其成分为 MS 培养基附加吲哚乙酸（IAA）4×10^{-6}、6-苄氨基嘌呤（BA）2×10^{-6}、激动素（K）2×10^{-6}、蔗糖 30 g/L、琼脂 6～7.5 g/L；2 号培养基为小植株增殖培养基，其成分为 MS 培养基附加赤霉素（GA3）0.1×10^{-6}、吲哚丁酸（IBA）$0.2\sim0.5\times10^{-6}$、6-苄氨基嘌呤 1×10^{-6}、蔗糖和琼脂同 1 号培养基；3 号培养基为诱导生根培养基，其成分为 1/2MS 培养基附加吲

哚丁酸 0.2×10^{-6}、活性炭 3 g/L、蔗糖 20 g/L、琼脂 6～7.5 g/L。

2. 消毒与接种　草莓开花前采集大小为 4～6 mm 处于单核期的花蕾，先用自来水冲洗数次，再放入无菌三角烧瓶中用 70%酒精浸泡 1 min 灭菌，然后用 0.1%升汞水消毒 10 min，再用无菌水在无菌条件下冲洗 3～5 次后，取出花蕾，剥取花药接种到历城区号培养基上，每个培养瓶可接种 30～50 个花药，然后在培养室内进行培养。

3. 继代培养　培养 2 周后，花药陆续形成愈伤组织。愈伤组织产生多少因草莓品种而异。愈伤组织在培养基上生长 4～6 周后会老化，必须转移到新培养基(2 号)上，这种转移称为继代培养。老化的愈伤组织经过继代培养后，能够恢复活力而迅速生长，多数品种每个月增殖 4～5 倍。在增殖培养基上的小植株，其根系基部往往带有愈伤组织，影响植株移栽成活和生长，所以应及时把芽丛分开成单芽，再转接到 3 号培养基上诱导生根。如此 4 周左右转接 1 次，1 年内每个分化组织可获得数万株幼苗。

4. 植株转移　从培养瓶中取出草莓苗，洗去培养基后移栽到温室，用直径 6 cm 的塑料营养钵做容器，基质用砂壤土或林地的腐殖质土。移栽后浇透水，加塑料罩保温，半个月后去罩，2 个月后移栽到大田。当年移栽成活的母株，要疏花，少留果，以利于种苗增加繁殖数量。

5. 病毒的检测与鉴定　通过组织培养法获得的无病毒草莓苗，必须经过病毒检测与鉴定，不带病毒时，才能在生产上应用。病毒鉴定一般采用小叶嫁接法。取被检测植株上新长成的叶片，除去两边小叶，中间小叶带 1～1.5 cm 长的叶柄，削成楔形作为接穗，叶片尖端剪掉1/3，嫁接在对草莓病毒敏感的指示植物上。除去指示植物上中间的小叶，两者叶柄的粗细应相近。在叶柄中央部位用刀切入 1～1.5 cm 长的切口，把接穗插入，用塑料包扎好接口，再套塑料袋，并经常浇水。2 周后除去塑料袋。如植株有病毒，1 个月左右会出现症状，最初出现在新叶片上，以后老叶及匍匐茎上会相继发生病斑，如无病斑说明被检测植株无病毒。

常用的指示植物主要有丛林草莓中的 EMC，AIP，UC-4，UC-5，

UC-6 和深红草莓中的 UC-10，UC-11，UC-12 等 8 种。不同指示植物鉴定病毒种类不同，而且对同种病毒的症状表现也有差异。故需要用几种指示植物同时进行，但仅检验草莓有无病毒，只需用 UC-5 即可。草莓有斑驳病毒，指示植物 UC-5 表现为褪绿，黄色有不规则斑纹；有轻型黄边病毒，则表现植株矮化，叶缘失绿；镶脉病毒表现为叶片向背面反卷，叶柄缩短；皱缩病毒的植株叶片生长不对称，皱缩，叶柄上有坏死斑。

6. 防止病毒再侵染　无病毒如果在有病毒侵染的草莓产地栽植，仍会受到病毒的再侵染。因此，必须实行无病毒化栽培。其主要措施为：

①栽植无病毒苗的苗圃，至少应与老草莓园间隔 1 500 m；

②选择前茬没有栽植过草莓或茄科作物的地块；

③进行土壤消毒，防治病虫害，彻底根除传播草莓病毒的蚜虫，在匍匐茎旺盛生长期也是病毒最易侵染的时期，应特别注意防治；

④母株最好栽植在网室内，或者用 20～25 筛目的纱网覆盖，地面可用银灰色反光膜覆盖以驱避蚜虫，也可在生产园地周围喷洒 25％亚胺硫磷 1 000 倍液或 20％杀灭菊酯 3 000 倍液等药剂，以防止带毒蚜虫入侵。

无病毒苗生长势强，产量高，在田间种植 2 年后，又会受到病毒感染，当发现产量明显下降时应重新更换新苗。

此外，还要加强口岸检疫，如国外的黄化型草莓病毒病害中，有两种毁灭性病害，草莓绿瓣病和翠菊黄化病，染病幼苗定植后不久即死亡。因此，应特别注意对这两种病毒的检疫，叶蝉是传播这两种病毒的媒介。

7. 无病毒苗的繁殖　无病毒苗主要采用匍匐茎繁殖法，把无病毒的一级原种苗带土在选定好的繁殖圃定植。繁殖圃应选择排灌方便，土壤疏松肥沃，地面平整和背风向阳的田块。在定植前土壤须经消毒，每 667 m^2 施腐熟有机肥 5 000 kg，过磷酸钙 30 kg，还可施贝壳粉 50 kg，贝壳粉可促进土壤中放线菌的繁殖，放线菌可取食黄萎病菌的菌体，有利于防止黄萎病的发生。把地面做成 1～1.5 m 宽的畦，如畦宽 1 m，母株按单行定植在畦中间，株距 6 cm；畦宽 1.5 m 可栽双行，可错位栽，行距 70 cm 左右。定植时间，春季可在日平均气温超过 10℃时进行，栽植深度以根颈部与地面平齐为度，栽后即灌水并搭 1 m 高的小拱棚，以防蚜虫。

无病毒原种苗管理上应注意以下几点：

①无病毒苗生长旺，吸肥力强，有延迟开花的趋势，可采用断根、去老叶等措施调节体内碳氮比(C/N)，以使花芽分化期提早。

②无病毒苗产量高，每个花序的着果数多，但平均单果重有所下降，应适当疏花疏果以使果个增大。

③为促使早抽和多抽匍匐茎，在定植成活后可喷 1 次赤霉素，质量分数为 5×10^{-7}，定植密度可适当减小。

④无病毒苗生长旺盛期易发生灰霉病、叶枯病，应及时摘除病叶和防治病虫害。

⑤要防止新生匍匐茎徒长，随时理顺匍匐走向，使匍匐茎在母株周围分布均匀，避免交叉重叠。

由无病毒母株繁殖的匍匐茎子苗(二代苗)在栽植到生产田之前，应采取假植育苗措施。

五、美国草莓穴盘苗生产技术

最近几年，美国草莓生产的一项重要改革是广泛采用穴盘(容器)育苗，提高种苗质量，使草莓产量提高，结果提早，病害减轻，增进了草莓生产效益。现在，美国每年的草莓穴盘苗生产量有十几亿株，仅加利福尼亚州就生产 9 亿株。这一技术正在美国和世界其他国家迅速推开。

(一)草莓穴盘苗的特点

①与传统的裸根苗相比，穴盘苗的种植日期灵活，可以等待上一茬

作物收获和整地，放置数周再栽。可以放在冷库存储，也可以移至高山进行春化处理。

②穴盘苗移栽后损失率仅1%～2%，而裸根苗的损失率可达15%～20%。

③穴盘苗可以进行机械种植，手工种植效率也比裸根苗高。

④与裸根苗相比，穴盘苗根系不受损失，与土壤密切接触，种植后没有缓苗期，迅速进入生长期。

⑤裸根苗在定植后要连续若干天浇水，以度过缓苗期，而穴盘苗在定植后仅需浇一次水，这样可以减少田间湿度，控制病害扩展。

⑥穴盘苗开发结果早，浆果进入市场早，产量高，品质佳，因此经济效益好。

(二)草莓穴盘苗的生产要领

1. 匍匐茎子苗的生产和采集

(1)匍匐茎子苗的生产　草莓匍匐茎子苗是穴盘苗生产的来源。应当在春季建立专门的草莓繁殖圃，采用优良可靠的种苗，最好是脱毒组培苗，起高床，稀植，覆盖黑色塑料薄膜进行栽培。塑料薄膜可以加快种苗生长，防止杂草生长，防止土壤病虫害传染植株，也可防止以后匍匐茎扎土生根，影响采摘其子苗。栽植母株的苗床60 cm宽，仅种植1行，株距30 cm。

(2)子苗的选择标准　当匍匐茎开始生长，在其节位上形成小植株，即所谓子苗。适合于作栽植的子苗标准是：带有1～2片展开的叶片，基部可以见到几个小根（根原体），小根的长度短于1 cm。若根长超过1 cm时，不便于移栽操作，需要把根剪短，这样要耗费劳力，并延迟新根的发生。

(3)子苗的采集　一般而言，每隔10～14天从草莓繁殖圃采集1次子苗，选无病健壮的匍匐茎上的子苗，留1～2 cm的匍匐茎，用剪刀剪下，既便于移栽，又可作入土支撑。子苗采后即可栽植，若不能及时栽植，需储藏，其方法是把一根长匍匐茎（上面带有几个子苗）剪下，装在塑料袋中，贮存在0～0.5℃温度和90%～95%的相对湿度下，可达2个月。

2. 在穴盘上栽插子苗

(1)穴盘标准　草莓最好用50孔穴盘，孔穴直径5 cm左右，深度6 cm。

(2)基质　采用经过消毒处理的人工混合基质，如泥炭土、营养土、蛭石、珍珠岩粉等。

(3)栽插　把修整好的子苗插入基质中，深不埋心。

3. 栽插后的管理

(1)浇水、喷雾促进生根　栽插后，立即给穴盘浇1次透水，以后7～12天经常喷雾，下雨天少喷，晴天多喷，保持湿度在90%以上。当把穴盘提起时，根团不会散掉，即可停止喷雾。

(2)露地栽插　栽插床可用遮阳网、遮阳棚，遮阳防阳光直晒。

(3)温室栽插　温度控制为白天32℃，夜间24℃。

(4)炼苗　当穴盘苗停止喷雾后，穴盘可移至全光照条件下炼苗2～3周，使叶片和根系发育更健壮。在此期间，每天浇水1次，必要时采用叶面施肥补充植株营养。炼苗结束后，即可移植大田。

(5)成苗标准　根系长满整个穴孔，则适合于移植到大田。

提示问答

1. 如何进行草莓种苗培育？

2. 如何进行草莓匍匐茎苗的培育？

3. 促进花芽分化的育苗技术包括哪几种？

4. 如何培育草莓无病毒苗？

第五章

草莓无公害露地栽培技术

阅读指南 露地栽培又称常规栽培，是指在田间自然条件下，不采用保护地设施（如塑料大棚、小棚等）的一种栽培方式。本章从栽植技术、土肥水管理、植株管理和越冬防寒及春季防霜等方面详细介绍了草莓无公害露地栽培技术。同时本章还介绍了草莓的异地早熟栽培和盆栽技术。

一、栽植技术

（一）栽植制度

一般采用两种栽植制度，即1年1栽制和多年1栽制。

1. 1年1栽制　头年秋季定植，翌年收获一茬果后耕翻掉草莓植株，另择田块重新栽植秧苗。1年1栽制能提高土地利用率，增加经济收入，产量较高，果实较大，品质好，病虫害少。在菜田多或人多地少的城市郊区采用较多。

2. 多年1栽制　栽后连续收获几年才更新土地。这种栽植方式，稍能节省人工，但产量低，品质差，病虫害多，经济效益不高。一般在土壤杂草少，地下害虫不多，劳力较缺，大面积集中栽培时采用较多。栽培草莓，特别是从外地引种时，常因秧苗质量差，第一年产量不高，第二年才获得较好产量。也有的品种，如荷兰的汤美拉可连续3年保持高产。但一般草莓长到第三年已明显衰退，产量低，品质下降，病虫害发生多，经济效益降低。所以露地栽培草莓以2年1栽较为适宜。

(二)园地选择

草莓具有喜光、喜肥、喜水、怕涝等特点，园地最好选择地势较高、地面平坦、土质疏松、土壤肥沃、酸碱适宜、排灌方便、通风良好的地点。若为坡地，则坡度应不超过2°～4°，坡向以南坡和东南坡为好。在风大地区，尤其是春季干风严重的地区，应事先建立防风林，以防影响授粉受精。土壤不适宜的应先进行改良。前茬作物为番茄、马铃薯、茄子、黄瓜、西瓜、棉花等的地块，应严格进行土壤消毒后，才可种植草莓，因为这些前茬作物的立枯病等病害与草莓芽枯病等病害为同一种真菌引起。草莓较其他水果不耐贮运，对采收和销售时间要求严格。因此，大面积发展草莓，还应考虑到交通、消费、贮藏和加工等方面的条件。宜在大、中城市和大的工矿区附近有计划地发展，确定适宜的发展规模；在远离城市的地方，首先要考虑交通条件、销售途径等问题；切忌盲目扩大面积，造成产品过剩。

(三)土壤准备

栽草莓前要耕翻土壤，深30 cm左右。整地质量要高，无土块，要求沉实平整，以免栽植后浇水引起秧苗下陷，影响成活。如果园地杂草多，可在耕翻前15天左右，每667 m^2用10%草甘磷0.5 kg，加入50 L水，喷洒杂草茎叶，待草枯死后再耕地。结合翻地施入基肥，农家肥是草莓优质丰产的基础，一般每667 m^2施腐熟优质农家肥不少于5 000 kg，另加50 kg过磷酸钙和50 kg硫酸钾，或者加50 kg氮磷钾三元复合肥料。如土壤缺素还应补充相应的微肥。草莓栽植密度大，生长周期短，在基肥充足的情况下，第二年春季补充适量化肥就可满足植株生长结实要求。连作的草莓地施肥更困难，因此基肥一定要充足。施基肥要全园撒施均匀，然后耕翻土壤，使肥土充分混合。

翻耕时间宜早，最好伏前晒垄，使土壤熟化。按照定植要求作畦打垄。北方一般采用平畦栽植，畦长 10～20 m，畦宽 1.2～1.5 m，畦埂高 15 cm 左右。平畦栽植的好处是灌水方便，中耕、追肥、防寒等作业比较容易。缺点是畦不易整平，灌水不匀，局部地段会湿度过大，通风不良，果实易被水淹而霉烂。南方由于雨水多，地下水位较高，宜采用高垄栽培。垄高 30 cm，垄畦面宽 1～1.3 m，垄畦底宽 1.4～1.7 m，畦沟宽 40 cm。如覆盖地膜，则应把畦宽减少到 70～75 cm。高垄栽培的好处是排灌方便，能保持土壤疏松，通风透光，果实着色好，质量高，果实不易被泥土污染，缺点是易受风害和冻害，有时会出现水分供应不足。做好畦垄后可灌 1 次小水或适当镇压，以使土壤沉实。

(四)品种搭配和选择

草莓自花授粉能结果，但异花授粉的增产效果明显，因此，除主栽品种外，还应搭配适宜的授粉品种。例如，以宝交早生作为主栽品种，授粉品种可搭配春香、明宝和明晶等。1 个主栽品种可搭配 2～3 个授粉品种。主栽品种占的种植面积不少于 70%，其余为授粉品种。为了延长供应期，可采用早、中、晚熟品种搭配栽植。大面积栽植时，品种不少于 3～4 个。主栽品种与授粉品种相距一般不宜超过 20～30 m。同一品种应集中配置在园内，以便于管理和采收。在栽植面积大、地势又起伏不平的情况下，应把早熟和中早熟品种栽在较高地点，因高地春季土温升高较快，有利于根系提早活动，又能减轻轻晚霜危害。选择草莓品种考虑的因素包括以下几个方面。

1. 地区适应性　适于北方寒冷地区的品种一般休眠期长，但在暖地栽培则表现为类似长日照四季结果型草莓的特性，匍匐茎发生少，开花结果期长。所以越往南越应选择需要低温时间短，生理休眠浅的早熟品种。在北方还需要抗花期晚霜危害的品种;在南方则需要抗夏季高温干旱的品种。同时,所选品种应对当地多发病虫害具有较强的抗性。

2. 栽培目的　鲜食或加工对品种的需求不同,即使是兼用型品种,对不同的加工制品也有不同的要求。

3. 栽植形式　保护地栽培或露地栽培均各有适宜的品种,盆栽宜采用株型小的四季草莓。

(五)秧苗准备

秧苗质量是栽后成活和高产的基础。对匍匐茎苗要求无病虫害,有较多新根,根茎粗度在 1 cm 以上,至少有 4 片展开的叶,中心芽饱满,叶柄短粗,叶色浓绿,植株鲜重 30 g 以上,地下部根重约占全株的 1/3,不能用叶柄长的徒长苗。如果采用老株的新茎苗,必须具有较多的新根,否则栽后很难成活。

起苗前先割除老叶,留 2～3 片心叶,就近栽植最好随起苗随栽苗,要保护起出的秧苗根系不干燥,适当淋水保湿,也不能将根系长时间浸泡在水里。需长途运输的秧苗,从园地起出后,将土抖掉,适当疏除基部叶片后,每 50 株捆成一捆,然后用水浸湿根系,随即放入浸过的蒲包、草袋或塑料袋中扎好,再置于筐、箱等盛器中待运。对依靠外地或远距离供应秧苗者,要事先把栽植园地平整好,做到地等苗。秧苗运到后,要检查质量,可适当用水浸根系或蘸以泥浆,置于阴凉处,随即栽植。

(六)栽植时期

草莓的栽植时期,因地而异,要根据作物的茬口、秧苗生育状况、温度和湿度的高低以及栽植后秧苗是否有充分的生长发育时期等因素综合考虑。生产上一般在秋季栽植,因秋栽时间长,有大量当年生匍匐茎苗供应,此时土壤墒情好,空气湿度大,缓苗期短,成活率高。栽植时气温过高会影响成活率,以气温在 15～20℃为宜。黄河故道地区和关中地区适宜的定植期在8月下旬至9月上中旬。掌握适期偏早的原则，栽植晚虽成活率仍高，但缩短了生育期，越冬前不能形成壮苗，影响翌年产量。春季栽植成活率比较高，在北方省去了越冬防寒措施；但春栽利用冬贮苗或春季移栽苗，根系容易受损伤，单株产量比秋栽苗要低。栽植时间应在土壤化冻时进行。采用冷藏苗，栽植时期可根据计划采收期向前推60天左右。

（七）栽植方式

根据栽后对匍匐茎处理方法不同而采取不同的栽植方式。

1. 定株栽植　按一定株行距栽植，在果实成熟前随时将长出的匍匐茎摘除，以集中养分，提高产量与品质。采收后，保留老株，除去长出的匍匐茎。第二年结果后，保留匍匐茎苗，疏去母株，按固定株行距留健壮的新匍匐茎。这样就地更新，换苗不换地，产量较稳定。

2. 地毯式栽植　定植时按较大株行距栽种，让植株上长出的匍匐茎在株行间扎根生长，直到均匀地布满整个园地，形成地毯状。也可让匍匐茎在规定的地方扎根生长，延伸到行外的一律去除，形成带状地毯。在秧苗不足、劳力少的情况下采用这种栽植法。第一年由于苗数不足产量较低，翌年可获得高产。垄栽时大多数在垄台上栽植，以适应地膜覆盖。也有栽在垄沟内的，如山东省烟台市一些地方在垄沟栽苗，垄台上行走，生长期垄沟灌溉时，将肥料随水施入，在春季或秋季破垄施入农家肥。

（八）栽植方法

1. 栽植密度　株行距要根据栽植制度、栽植方式、土壤肥力、品种等决定。1年1栽制株行距宜小；多年1栽制应适当加大。株型小的品种如戈雷拉，密度可增加。一般宽1.2～1.5 m的平畦，每畦栽4～6行，行距20～25 cm，株距15～20 cm。垄栽时，北方采用低垄种植，垄高15 cm，垄宽50～55 cm，垄沟宽20～25 cm，株行距与畦栽基本相同，或者株距适当减少。每667 m^2 草莓的株数应掌握在1万左右。保护地栽植密度可适当缩小。

2. 栽植方向　栽苗时应注意草莓苗弓形新茎方向，草莓的花序从新茎上伸出有一定的规律性。通常植株新茎略呈弓形，而花序是从弓背方向伸出。为了便于垫果和采收，应使每株抽出的花序均在同一方向，因此栽苗时应将新茎的弓背朝固定的方向。平畦栽植时，边行植株花序方向应朝向畦里，避免花序伸到畦埂上影响作业。

3. 栽植深度　栽植深度是草莓成活的关键。栽植过深，苗心被土埋住，易造成秧苗腐烂；栽植过浅，根茎外露，不易产生新根，引起秧苗干枯死亡。合理的深度应使苗心茎部与地面平齐。如畦面不平或土壤过干，浇水后易造成秧苗被冲或淤心现象，降低成活率。因此，栽植前要特别强调整地质量，栽植时做到"深不埋心，浅不露根"。

4. 操作方法　先把土挖开，将根舒展置于穴内，然后填入细土，压实，并轻轻提一下苗，使根系与土紧密结合，栽后立即浇 1 次定根水。浇水后如果出现露根或淤心的植株以及不符合花序预定伸出方向的植株，均应及时调整或重新栽植，漏栽的应及时补苗，以保证全苗和达到栽植的高质量。

(九)提高栽植成活率的措施

提高草莓栽植成活率，保证全苗，是获得高产的基础。生产上可采取以下措施。

1. 药物处理　定植前对根系进行药物处理，能促进生根和生长。常用 5～10 mg/kg 的萘乙酸或萘乙酸钠浸根 2～6 h，可促进生长，增加产量，效果显著。

2. 剪除枯老叶、黑根　定植前剪除秧苗部分老叶和黑色老根，以减少叶面积，减少植株水分蒸腾，并可促使抽发新根。

3. 阴雨天或早晚栽植　阴雨天栽植能避免阳光曝晒，因空气湿度大，叶片蒸发量小，能加快缓苗，提高成活率。但雨水过多或遇暴雨，应及时排水，防止水淹、淤心或受涝死亡。晴天栽植可在早晨或傍晚。

4. 遮阳覆盖　栽后如遇晴天烈日，在补充水分的同时，可采用遮阳措施，如用苇帘、塑料纱、带叶的细枝条覆盖；有条件的可以采用塑料遮阳网、绿色或银灰色塑料薄膜扣置成临时小棚。但成活缓苗后，要及时晾苗，注意通风，以免突然撤除遮阳物时灼伤幼苗，3～4 天方可撤棚。

5. 及时供水　秧苗定植后立即浇透水。为保持土壤湿润并起降温作用，定植后 3 天内每天灌 1 次小水，经 4～5 天后改为 2～3 天灌 1 次小水，但也要防止过湿，造成通气不良，影响根系呼吸，导致沤根、烂苗，影响秧苗成活和生长。定植成活后可适当晾苗。但刚成活的幼苗仍不耐干旱，还要注意适时浇水，促进生长。

6. 带土移栽　近距离栽植，可带土坨移栽，以缩短缓苗期，提高成活率。带土移栽对秧苗资源不足、灌溉条件较差、土壤较黏或偏酸偏碱的地方是提高成活率的有效措施。

二、土肥水管理

（一）土壤管理

1. 土壤改良及消毒　草莓长期在同一块地种植，极易造成病虫害滋生和蔓延；土壤浅层由于施肥多而造成有机质含量下降、土壤板结、耕作层浅等不良土壤条件。为了创造适宜的根系生长条件，应采取措施改良土壤。首先应在草莓采后进行深耕，加深根系活动的有效土层。深耕时，要注意施用有机肥或木屑改良土壤，增加种植畦的高度。为了防止连作产生危害，在草莓采收后应及时种植一些禾本科作物，如水稻、玉米、高粱等，然后割青将其秸秆压入土中。这样，既可避免病害的滋生，又可培肥土壤，提高土壤的有机质含量，改良土壤结构和质地。利用夏季种水稻的效果比旱作种植好，因为水旱轮作改变了土壤微生物环境，可有效地抑制病虫害的发生，消除盐浓度障碍。

连作地在种前应进行土壤消毒，以杀死土壤中的有害微生物，防止病虫害发生。土壤消毒的方法有溴甲烷毒气消毒和利用太阳热进行土壤消毒。

2. 中耕除草　在草莓生长季节，一般结合除草进行5～8次中耕。这可增加土壤透气性能，有利于根系活动。中耕深度以3～6 cm为宜，过深则易伤根。第一次中耕，在定植成活后结合检查定植苗成活情况补苗同时进行；第二次在定植苗旺盛生长期，结合追肥灌水进行中耕除草；第三次中耕在土壤封冻前，结合防寒覆盖进行；第四次中耕在开春植株萌动时，结合掰老叶、追肥进行。开花后，应根据田间杂草生长情况，经常进行中耕除草，保证园地清洁，促进植株生长。

3. 地膜覆盖

(1)地膜覆盖的作用

①提高地温，透明膜可提高地温2～10℃，黑色膜可提高地温0.5～4℃。

②保持土壤水分，可节省灌溉水30%。

③改良土壤结构，可防止频繁灌溉对表土的板结，防止氯化钠等盐类上升。

④增加土壤速效养分，由于地膜覆盖后提高地温改进土壤结构，微生物活跃，有利于土壤有机质分解，提高了速效养分的含量，同时也能减少土壤养分的流失。

⑤防除杂草，黑色膜对防除杂草有利，与化学除草相比，其效率高，无毒，适应性广。

⑥降低并保持低空气湿度，地膜覆盖可减轻地表水分蒸发，因而对设施栽培来说，可有效地降低空气湿度，抑制病害发生。

⑦防止浆果触地，地膜覆盖具有垫果作用，能避免浆果沾污或腐烂，保持果面洁净。

⑧促进根系生长，吸收根和新生根数量可增加22%～28%。

⑨提前根系生长，萌芽期提早7～8天，开花期提早11天，果实成熟期提早10～17天，采收期可延长7天。

⑩提高果实产量，单株花序数可增加25%～35%，单株花朵数可增加12%～52%，有效果数可增加14%～23%，先期产量可增加1.7倍。

（2）地膜覆盖技术　在日本，无论哪种栽培方式的草莓，均实行地膜覆盖。我国也已广泛采用。地膜覆盖时期应根据气候环境和栽培要求而定。覆盖地膜前，要细致平整土地，以利于盖膜平整。如基肥不足，可先补追1次速效肥，然后再覆盖地膜。盖膜应在日平均气温降至10℃左右时进行。如果定植时苗质较好，或栽后管理较好，长势强健的草莓，可边盖膜边掏洞破膜，将茎叶扶出。如果瘦苗缺肥迟栽，可在12月份盖膜后封闭式覆盖一段时间，通过全封闭覆盖增温保湿，促进草莓恢复生长，至翌年2月上、中旬再破膜提苗出洞。盖膜时要绷紧、压实、封严，防止穿风漏气。在北方草莓种植区，由于冬季气温较低，因此，不论壮苗还是瘦弱苗，均应全面封闭覆盖，以免植株受冻。全封闭覆盖应注意早春破膜提苗不宜过迟。否则会引起膜下大量现蕾开花，遇春霜会引起冷害死花，造成损失。早春破膜应选择晴暖无风天气，避开寒流来临或低温晴燥大风天气。否则，提苗后叶片容易失水或受冻，以至出现青枯现象。提苗后要随即用细土封住洞口，以防地膜中间穿风和热蒸气由洞口逸出灼伤茎叶。

在地膜种类选择上，黑地膜较透明膜更有应用前景，尽管其增温效果不如透明膜，但由于它具有除草功能而备受欢迎。使用黑地膜时应注意其特殊性，覆盖后应随即掏洞提苗，否则草莓受黑色地膜遮光，会影响植株生长发育。

（二）施肥

1. 草莓生长所需的营养元素及其功能

（1）氮　是构成草莓蛋白质的主要元素，也是叶绿素、酶以及核酸、维生素和生物碱等的主要成分。故氮素可促进草莓营养生长，延迟衰老，提高光合效能，提高产量。

（2）磷　是核酸及核苷酸的组成部分，是组成原生质和细胞核的主要成分。如同其他植物一样，核苷酸及其衍生物是草莓体内有机物质转化与能量转变的参与者。

（3）钾　能调节原生质的胶体状态，提高光合作用强度，与草莓体内糖类的形成和运输有密切关系，对氮代谢有良好的影响。适量的钾素可促进草莓果实肥大和成熟、机械组织发达，提高抗寒、抗旱、耐高温和抗病虫害的能力。

(4)镁　是叶绿素的成分，能促进磷酸酶和葡萄糖转化酶的活化，在碳水化合物代谢过程上起着重要作用，可以影响光合作用、呼吸作用和氮的代谢。在生理上和钙的作用相似，在钙素不足时可以代替部分钙的作用。镁可以促进草莓果实肥大，增进品质。

(5)硼　对草莓根、茎等器官的生长，幼小分生组织的发育以及开花和结实均有一定作用。硼能加速草莓体内碳水化合物的运输，促进体内氮素的代谢，还能增强光合作用，改善体内有机物的供应和分配，增强草莓的抗病能力。其花粉的萌发和花粉管生长者需要硼。硼还可以改善氧对根系的供应，增强吸收能力，促进根系发育。

(6)锌　是碳酸酐酶的成分，能促进碳酸分解过程，与植物的光合作用和呼吸作用，以及碳水化合物的合成、运转等过程有关。锌能保持草莓体内正常氧化还原势，对某些酶具有一定活化作用，并参与生长素的形成；还可以增强草莓果实持水力，使之在贮藏中不易失水。

(7)铁　是叶绿素形成不可缺少的要素，直接或间接地参与草莓叶绿体蛋白质的形成。植物体内许多呼吸酶都含有铁。铁能促进草莓呼吸，加速生理氧化。

2. 草莓的缺素症状

(1)缺氮　新叶淡绿色，老叶叶缘变红。叶柄脆硬直立。匍匐茎红色，发生数量少。植株生育不良。严重时新叶黄色，老叶红色。

(2)缺磷　最初老叶小，叶脉呈青绿色，渐向叶身扩展，整个叶片浓绿色或暗绿色。匍匐茎的发生和子株的生育不良。花芽分化数少，产量下降。严重时叶陲呈青铜色或紫色。

(3)缺钾　最初老叶叶缘为红紫色，渐向基部扩展。老叶易出现斑驳的缺绿症状，叶缘和叶尖常发生坏死，有时叶片卷曲皱缩。小叶柄暗黑色，叶脉及两侧叶组织坏死，并逐渐扩展。匍匐茎发生不良，即使长出也既短又弱。果实数量少、味淡、色差，果肉柔软。

(4)缺镁　最初老叶叶脉间失绿,后叶缘变红。有时最初老叶叶脉间发生小红紫色的斑点,后向基部扩展,最后整个叶片紫红色。

(5)缺硼　最初幼叶皱缩,叶缘黄色,有叶焦现象,叶片小。花小且易枯萎。果实上饱满的种子少。果实畸形,内部褐变。根系短粗色暗,先端枯死。植株明显矮化。

(6)缺锌　较老叶片变窄,缺锌越重,窄叶部分也越伸长。但缺锌不发生坏死现象,这是缺锌的特有症状。叶龄大的叶片上往往出现叶脉和叶子表面组织发红的特征。纤维状根多且较长。结果量减少,果个变小。

(7)缺铁　最初幼叶黄化或失绿,进而变白,发白的叶片组织出现褐色污斑。根系生长弱。植株生长不良。严重时,新成熟的小叶变白,叶缘坏死,或小叶黄化,仅叶脉绿色,叶缘和叶脉间变褐坏死。

3.草莓的营养特点　草莓的年生长周期有两个营养阶段,即以利用体内贮藏营养为主的生长阶段和以利用当年制造营养为主的生长阶段。以利用贮藏营养为主的生长阶段,大体是从开始生长期到显蕾开花期。此期的主要生长活动有根系的生长、地上部芽的萌动、展叶及显蕾开花。树体贮藏营养水平的高低与前期的生长、开花、坐果及当年的产量关系密切。目前生产上多采用1年1栽制。其前期的营养积累主要与苗期的营养状况及栽植时期有关。苗期营养供应适量充足,栽植时间较早,前期缓苗时间短,生长充分,则植株可以积累足够的营养用于翌年的生长。反之,则贮藏营养不足,使当年的花芽分化和翌年的生长受到影响。

以利用当年制造营养为主的生长阶段,大致是从现蕾后到植株休眠。这一时期的主要生长活动,有开花、坐果、果实的发育,匍匐茎、新茎根系的旺盛生长、花芽分化、营养的回流贮藏等。此期的营养水平高低,影响到光合产物的积累、分配与运转,对树势、产量都产生较大影响。此期初始实际上是处于两个生长阶段的转换时期,现蕾后营养生长与生殖生长同步进行,但仍以营养生长为主,随着气温的升高,新叶相继发生,叶面积迅速扩大,光合速率显著提高,不定根大量发生。

期中，有两个氮素较为敏感的时期，对当年的产量有较大的影响。一是花芽分化时期。此期适当缺氮可明显提早花芽分化期，从而使花芽分化完全。据观察，缺氮可使花芽分化至少提前 10～15 天以上。但如果氮素过度缺乏，则易引起草莓缺氮症，使之生长不良，产量降低；而如果氮肥过剩常使营养生长势强，植株徒长，影响养分回流，使花芽分化延迟。另一个时期是花芽发育期。秋季进行花芽分化的腋芽，在翌年春并非全都形成花序开花坐果，而是有一部分变褐枯死，有一部分在原有的花原基上发生畸变，形成生长点基和匍匐茎原基。只有在花芽分化后营养条件适宜，能够正常进行发育的花芽，才能开花坐果。试验证明，在此期适当地促进营养生长，对花芽发育有利。因为此期的营养是以氮素吸收为中心，及时追施适量的氮肥，可以显著地增加产量。如果花芽分化之后断根，草莓的开花期为明显延迟，这是由于减少了氮素的吸收而引起。

4. 草莓的需肥与吸肥特点　露地栽培草莓，随着气温的变化有一个明显的休眠期。其吸肥大体上可分为 4 个阶段。第一阶段是从植株定植后至完成自然休眠为止。在近 4 个月的生长期中，由于植株休眠，因而对养分吸收相对较低。根据植株干物质分析结果，此期对氮、磷、钾元素的吸收比例为 1∶0.34∶0.3，以氮素为高。第二阶段是从自然休眠解除后到植株现蕾期。随着温度升高，植株开始较旺盛生长，养分吸收较前一阶段增加。草莓此期对氮、磷、钾元素的吸收比例为 1∶0.26∶0.65。第三阶段是随着气温与土温的升高植株所进入的旺盛生长期。草莓开花坐果均在这一时期，其吸收和消耗的养分达到高峰。草莓这一阶段对氮、磷、钾三元素的吸收比例为 1∶0.28∶0.93，钾的吸收量几乎与氮素吸收量相当。第四阶段是处在果实膨大与成熟的时期，随着果实的膨大与成熟，草莓植株在吸肥上表现为氮的吸收速度明显降低，磷、钾吸收量增加。草莓对氮、磷、钾三元素的吸收比例为 1∶0.37∶1.72。钾的吸收量达到高峰，这与果实膨大及成熟对钾元素的大量需求有关。

棚室中进行草莓促成栽培，其吸肥特点不同于露地栽培。由于采用休眠浅品种及早期覆盖等处理措施，使草莓植株不进入休眠，仍保持旺盛的营养生长与生殖生长。其开花结果期在半年以上，生长结果明显区别于露地栽培。其吸肥可分为3个阶段。第一阶段是自定植至开花期。此期对养分吸收较平稳，氮、磷、钾元素的吸收量点各元素全生育期总吸收量的比例，分别低于20%，16%和14%。第二阶段为第一、二、三花序所着果实的膨大和成熟期。这一阶段形成全期产量的第一高峰，占总产的55%以上，因此植株吸收和消耗的养分均较多。第三阶段为草莓第一次采收结束至整个采收结束。此阶段所形成的产量占总产量的45%以下，是草莓的第二个吸肥高峰。在第二、第三吸肥阶段，草莓的吸肥特点仍与露地栽培时果实成熟期的吸肥特点相似，对磷、钾肥的吸收增多，特别是对钾素的吸收更为突出。

5. 无公害草莓施肥技术

(1)基肥　基肥以有机肥为主，是较长时期供给草莓多种养分的基础肥料。施基肥是在定植前进行，由于草莓栽植密度大，生长期补肥较为不便，因此，基肥最好一次施足，施用量一般每667 m^2 不少于鸡粪2 000 kg或优质厩肥5 000 kg，并可加入适量磷钾肥等。烟台产区的栽培实践证明，鸡粪是适合草莓生长发育的优质有机肥，鸡粪与猪圈肥相比，有机质是其2倍多，含氮量是其3倍多，含磷量是其8倍多，含钾量也较高。有机肥应腐熟后施用，并充分捣碎撒施均匀。

(2)追肥　栽植前已施入大量优质农家肥，栽后当年或第二年可不施或少施追肥。基肥不足时应进行3次追肥。第一次在花芽分化后，黄河故道地区约在10月中旬，这时植株和根系生长仍较旺盛，增施1次氮肥，不仅能促进植株营养生长，而且能增加顶花序的花数。但在花芽分化前应停止施用氮肥，控制灌水，进行蹲苗，使幼苗充实，提高植株体内的碳氮比率，以促进花芽分化。第二次在开花前后施入。云南农业大学园艺系研究得出结论：草莓生殖器官对养分的竞争能力较弱，因此在开花前后追肥，是保证草莓优质高产的重要措施。据在苏州市调查，花期前后叶面喷施0.3%尿素或0.3%磷酸二氢钾3～4次，可提高坐果率8%～19%，增加单果重和改善果实品质。西北农大的试验表明，草莓初花期和盛花期喷 0.2%硫酸钙加 0.05%硫酸锰（体积比 1∶1），比喷清水（对照）增产 14%～42%，还使细胞变化长，排列紧密，提高了贮藏性能。第三次在采收后施入，以保证植株健壮生长，促进花芽分化，提高植株的越冬能力。多年 1 栽制或者结果要求抽生匍匐茎扩大繁殖秧苗时，第三次追肥绝不可少，这次可开沟施肥。

草莓的需肥量比木本果树要多，镇江农科所用电脑建立施肥模型，并进行田间验证，两者结果吻合，其模式为氮∶磷∶钾＝1∶1.26∶0.74。台湾省的草莓施肥方式为磷肥全部做基肥，氮肥和钾肥的一半做基肥，另一半做追肥。

近年来一些单位的试验表明，草莓喷施含量 38%的硝酸盐稀土（商品名“常乐益植素”）有良好效果，一般可增产 10%以上，维生素 C 和糖度及游离氨基酸含量都有增加趋势。另据报道，草莓在末花期和幼果迅速膨大期喷施 7～10 mg/kg 钛肥，有增产、提高品质和促进着色的作用。

（三）浇水

草莓对水分要求较高，栽植后在叶面喷水可明显提高成活率。追肥应与灌水结合进行。3～6 月份北方干旱多风，蒸发量大，直到采收需要多次灌水。3 月中下旬，草莓开始萌芽和展叶，应进行灌水，灌水量不宜过多，以免降低地温，影响根系生长。草莓开花期到浆果成熟期缺水，会影响浆果大小和产量。这一时期，至少需灌水 2～3 次。4 月中旬叶片大量发生，草莓进入开花期，需水较多，4 月下旬到 5 月上旬，是草莓盛花期和果实膨大期，是草莓全年生长过程中需水最多的时期。5 月中下旬草莓成熟采收，开花晚的也处在果实膨大期，如遇天旱，可适量灌水。开花到成熟期如水分过多，又会引起果实变软，不利贮运，还会导致灰霉病发生蔓延。草莓采收后，多年 1 栽制园地，在割除老叶后应立即灌水，以促使植株生长和匍匐茎繁殖。这次灌水应结合施肥。雨季则应注意排水。南方如遇雨水过多，要注意清理田沟或垄沟，挖去淤泥，保持沟渠相通，做到雨停田干。

灌水方法，垄栽的可直接在垄沟内灌水。果实成熟期可采用隔行灌水，以防止土壤过湿，踩踏后易板结。平畦栽植的按畦漫灌。有条件地区采用滴灌，可节省用水量30%左右，还能避免浆果沾泥土，减少浆果腐烂，并提高商品果率20%以上。追肥采取“少量多次”的原则，以及时补充草莓所需要的养分，在肥料品种上以速效性肥为主，要掌握适氮、增磷钾的原则，其数量和次数依土壤肥力和植株生长发育状况而定。

草莓特别适合采取滴灌，因此有条件的地方最好采用滴灌。需特别指出的是，漫灌时切忌水浸果实，以防导致果实腐烂及污染。

三、植株管理

(一)间苗

间苗限于多年1栽制草莓园应用。在初秋按定植时的行株距，每窝留苗1墩，把多余的苗丛全部挖除。留下的最好是健壮的匍匐茎苗。挖苗后随即深锄一遍，每667 m^2 再施入氮磷钾复合肥料25～50 kg，并结合培土将垄畦整平，只有在重间苗和补充肥料的情况下，才能保持较高产量。

(二)摘除匍匐茎

不作繁殖材料的匍匐茎消耗母株营养，不及时摘除会影响产量，并降低植株的越冬能力。以收获浆果为目的植株，应随时摘除匍匐茎。在繁殖圃里，母株后期发生的匍匐茎以及早期形成的匍匐茎苗和延伸的匍匐茎，也都要及时摘除。因为匍匐茎苗布满整个圃地后，后期抽生或延伸的匍匐茎就无处扎根而悬空生长，不但消耗母株养分，还使早期已扎根的匍匐茎苗及母株的生长受到严重影响。因此，及时摘除不必要的匍匐茎是生产上的一项重要管理措施。

(三)疏花疏果

每株草莓一般有 2～3 个花序，每个花序可着生 3～30 朵花，高级次的花开得晚，往往不孕成为无产花，即使有的能形成果实，也由于果太小无采收价值成为无效果。所以在开花前，花蕾分离期，最迟不能晚于第一朵花开放，把高级次的花蕾适量疏除，可使营养集中，保证留下的花朵着果整齐，果个增大，果实品质提高，成熟期集中，节省采收用工。

(四)除老叶与弱芽

草莓一年中叶片不断更新，在生长季节当发现植株下部叶片呈水平着生，并开始变黄，叶柄基部也开始变色时，说明老叶已失去光合作用的机能，应及时从叶柄基部去除。特别是越冬老叶，常有病原体寄生，在生长出新叶后应及早除去，并可将植株上生长弱的侧芽及时疏去，以利通风透光，加速植株生长。发现病叶也应摘除。浆果采收后还要割除地上部分的老叶，只保留植株上刚显露的幼叶，每株只留 2～3 片复叶。这一措施可减少匍匐茎的发生，刺激多发新茎，从而增加花芽数量，达到翌年增产的效果，此外，对病害较严重的园地割叶后可减少病害发生。为了避免多项田间管理工作频繁在园中作业，造成土壤板结，摘除老叶、病叶、疏芽和摘匍匐茎可能结合起来进行。

(五)果实垫草

草莓开花后，随着果实增大，花序逐渐下垂触及地面，易被泥土污染，影响着色与品质，又易引起腐烂。故对不采用地膜覆盖栽培的草莓园，应在开花 2～3 周后，在草莓株丛间铺草，垫于果实下面，或把切成 15 cm 左右长的草秸围成草圈，将 2～3 个花序上的果实放在草圈上。每 667 m^2 需用碎稻草或麦秸 100～150 kg。垫果有利于提高果实商品等级，对防止灰霉病也有一定效果。

(六)生长调节剂的应用

1. *赤霉素* 草莓喷施 10 mg/kg 赤霉素,可抑制休眠,提早成熟。相同浓度的赤霉素,在草莓生长前期喷施 2 次,可增加匍匐茎的发生量。据西北农业大学试验,花期和坐果期喷施 100 mg/kg 赤霉素能提高产量,增加糖度和耐受性。国外草莓生产也喷施赤霉素,用以促使花序形成,诱发单性果实发育,减轻因授粉不良造成的损失,并使浆果提前上市。

2. *多效唑*(PP333) 是一种生长抑制剂,其作用是抑制匍匐茎的发生和营养生长,促进生殖生长,施用浓度和时期适当,有明显增产效果,可减少人工摘除匍匐茎的劳力。据烟台农校试验,浓度以 250 mg/kg 较适宜,时期为匍匐茎发生的早期。但若施用不当,抑制过度,则会造成减产。因施用多效唑使生长受抑制的植株,喷施 20 mg/kg 赤霉素,1 周后可解除抑制作用。

国内使用的其他生长调节剂还有萘乙酸(NAA)、青鲜素(MH)等。我国台湾省南部在草莓采收中期,因营养生长日趋旺盛,需要人工摘除部分叶片,否则影响结果,当地对叶部喷施一种"蒸散抑制剂",可免除摘叶,不影响产量和品质,并可减少红蜘蛛为害。国外还使用乙烯诱导草莓浆果集中成熟,双便于机械采收。

(七)培土

草莓植株新根发生部位有随着新茎生长部位升高而逐年上移的特点。母株根状茎上移,使须根暴露在地面,影响植株生长发育和对养分的吸收,严重的甚至导致植株干枯死亡。故多年 1 栽制的草莓园,应在果实采收后,结合中耕除草进行培土,以利新根发生。在初秋新根大量发生之前,必须完成。培土高度以露出苗心为标准。1 年 1 栽制不进行培土。

（八）草莓更新

草莓一般采取多年一更新或一年一更新两种方式。多年一更新即栽植一次，连续收 2～3 年，植株衰老或产量降低时，则换地重新栽植。一年一更新即栽后收获一茬果后，翻掉草莓植株，另行栽植秧苗。无论是多年一更新或一年一更新，最好异地换茬，如有困难，应就地更换。有两种办法：果实采收后，在行间及时开沟施肥，耙平地面。将新发出的匍匐茎引到行间，并将匍匐茎压入土中，使其扎根。当年秋季将原垄上的植株翻除，仅留当年新发的匍匐茎苗。采用就地平茬的办法，即用割韭刀将露出地面的茎叶全割去，割茬以稍低于地面为宜。割后灌水，重新萌发。

四、越冬防寒及春季防霜

（一）越冬防寒

我国北方冬季气候比较寒冷，栽植草莓时必须采取防寒措施，以保植株安全越冬。一般当初冬季节，气温降至 0℃左右，即开始覆盖防寒。覆盖前要先浇一次封冻水，再用秸秆（玉米秸、麦秸、稻草等）或树叶等覆盖。覆盖厚度因各地气候条件而异，一般 3～5 cm，先用草铺在地里，再压些土，以防风将草吹散。最好先覆地膜，后覆秸秆、树叶等覆盖物。冬季风大地区还要设置风障。覆盖物的撤除时间为早春平均气温高于 0℃时。撤除时，保留地膜，只撤除地膜之上的其他覆盖物，并注意适时破膜提苗。在春季有晚霜危害的地区，可适当延迟撤除覆盖物，延迟开花物候期。

（二）春季防霜

草莓植株矮小，对霜冻敏感。刚伸出未展形的幼叶受冻后，叶尖与叶缘变黑。正开放的花受害较重，通常雌蕊完全受冻，花的中心变黑，不能发育成果实。受害只部分雌蕊受冻变色,而后发育成畸形果。幼果受冻呈油渍状。在－10℃时,植株受害极轻,达－3℃时,受害重。如低温持续几小时,又正值花期则受害重,产量损失较大。因早开花的果实最大,霜冻往往引起早期大型果受损失。草莓花期易受晚霜危害的地区,要做好预防工作。如选在通风点栽种草莓,延迟撤除防寒覆盖物,以使花期推迟。还可以采用抗霜冻品种,有条件地区采用熏烟、喷灌等措施。

此外,在南方种植草莓,如遇持续高温和伏旱,草莓会出现萎蔫甚至干枯,所以保护草莓安全越夏是当地生产上的重要措施。防止高温危害的措施是:保持土壤湿润,草莓在幼龄果园内间作或草莓行内插种高秆作物,实行 1 年 1 倒茬和选用耐高温的品种。

五、草莓的异地早熟栽培

我国南北方温度差异较大,由于草莓花芽分化是在低温短日照条件才能进行,这样草莓在北方形成花芽早,而在南方成花晚。以海南为例,只有到 1 月份的气候条件才能进行花芽分化,但花芽分化质量低,而在我国北方花芽分化可提前到 7～8 月份。如用浅休眠品种,草莓成花后栽植在适温下即可开花结果,如用深休眠品种,必须通过生理休眠后方可运至南方种植。这种利用草莓成花机理及不同气候条件,成花后异地种植,使草莓提早上市的栽培方法为草莓异地早熟栽培(图 5-1)。

自 20 世纪 80 年代中期以来,北京、沈阳、新疆、浙江、河北等地大专院校、科研及生产单位,纷纷采用这种方法到广东的深圳、珠海、中山,广西的北海及海南等地进行大面积种植,收到良好经济和社会效益。这些地区一般在 10 月初将已形成好花芽的草莓苗,通过空运或汽运将苗运至种植地,空运单株苗木成本费约 0.05 元/株(北京至广州),损耗小,速度快,一般当天即可到达。汽运苗时应注意通风,防止苗伤热、腐烂。各地出现的问题大都是汽运烂苗问题,严禁使用纸箱等物品

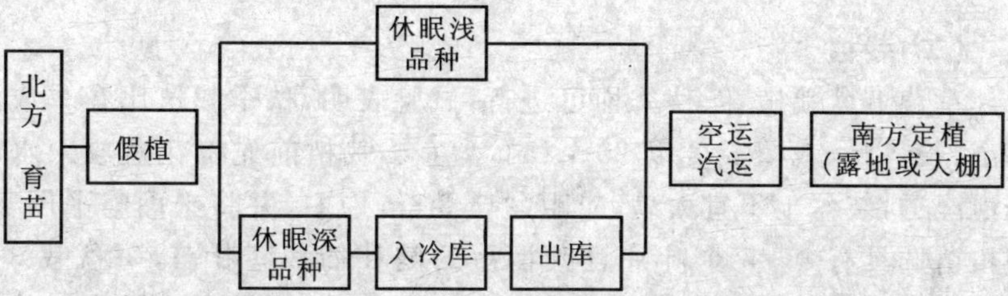

图 5-1　异地早熟栽培示意图

装苗,汽运必须留有大的透气孔,要求加冰降温,或用冷藏车运苗。

草莓异地早熟栽培,采用浅休眠品种效果好,深休眠品种失败率高。

这种方法在南方种植,多采用地膜覆盖栽培,也有个别大棚栽培。由于南方冬季是天然大温室,适合草莓生长结果,近年来种植面积逐渐扩大。有一定市场潜力。

六、盆栽草莓

盆栽草莓,实际也是一种草莓作型。草莓株型矮小,叶形独特,花瓣白色,花药鲜黄,每花序有 10 余朵小花,雅致美观,浆果成熟时鲜红晶亮,味甜芳香。盆栽草莓,不仅可以给人们在饮食上带来美的享受,而且还可以给人们在环境上带来美的乐趣。

(一)材料准备

花盆大小的选择应根据具体需要而定,一般用于室内或阳台摆放的可选口径为 25～35 cm 的花盆,若是用于道路或花坛摆放,可选用较大的盆。盆土采用阔叶林表面腐殖土掺入一半田土,也可用田土 1 份,腐熟有机肥 1 份,河沙 1 份配制混匀。品种一般应选结果期长的四季草莓。

(二)栽植

草莓上盆栽植春、秋季均可进行，试验表明，秋季栽植比春季成活率高，长势壮，栽植温度以 20～25℃为宜。栽植前先将花盆放入水中浸泡湿透，装盆土不宜太满，应距盆口 3 cm 左右，并将土面整平压实。栽植苗选具有 3～5 个叶片且叶柄短的健壮匍匐茎壮苗，每盆栽 3～4 株。栽前用萘乙酸或 ABT 生根溶液浸根 1 h，可提高成活率。栽时注意使根系自然舒展，覆土至根茎，并适当镇压，以“下不露根，上不埋心”为宜。栽后随即浇足定根水，待水渗下后轻轻将苗向上提一下，以使根、土结合紧密，并把露在外面的须根加土盖严。

(三)植株管理

1. 摘除老叶、病叶　生长期当发现植株下部叶片是水平着生，开始发黄或病变，叶柄基部也开始变黄时，应立即摘除，以促进植株健壮生长，减少病虫害的发生。

2. 摘除匍匐茎　匍匐茎对母株养分消耗很大，为了节省养分，当发现叶片基部抽生幼嫩的匍匐茎时应及时摘除，一般每半个月摘除 1 次，采果后为匍匐茎盛发期，应每 10 天摘除 1 次。

3. 疏花疏果　草莓进入花果期，应注意疏去弱小花蕾和瘦弱果、畸形果，每株可保留 2～3 个花序，每一花序上保留 4～5 个果。坐果后在果实下铺垫清洁干草，以增加果实的着色度，避免烂果，提高果实品质。

(四)浇水与施肥

草莓喜湿、喜肥、喜光、喜温，盆栽应尽量满足其需要。草莓在生长季节要尽量置于阳光充足的阳台、路旁等地方，但夏季忌曝晒。早晚要适当浇水，使土壤含水量保持在田间最大持水量的 30%以上，否则出现叶色发黄、枯死，造成落果。同时经常进行松土，保持疏松，透气良好。盆栽草莓 1 年内每盆施肥量为 40～50 g 尿素、65～75 g 磷酸钙、40～50 g 氯化钾。一般生长前期以追施氮肥为主，适当配合磷、钾肥；

坐果后以磷肥为主，适当配合氮、钾肥；采果后以磷钾肥为主，适当配合氮肥。可采用复合肥或长效有机肥，以及发酵的豆饼水、洗鱼水、洗肉水等，结合浇水适量施入。生长季节还要进行叶面喷肥，如喷0.3%～0.4%的尿素、磷酸二氢钾及0.1%～0.3%的硼酸、硫酸亚铁等。喷洒时间在早上8时前或下午4时后，每周1次为宜。

（五）培土换盆

草莓茎和根随生长逐步上移，为保证基部有发根的适宜环境，应在基部进行培土，厚度以露出苗心为准。春季结果后，最好于立秋前后换1次盆。

（六）病虫害防治

盆栽草莓病虫害一般发生少或轻，草莓容易发生的虫害有蚜虫、粉虱和叶螨等，病害有褐斑病、灰霉病等。如若发现，应及时防治。

（七）越冬

放置在室外的草莓，冬季可移入室内或放在向阳的封闭式阳台上，严寒的冬季，还可覆盖塑料薄膜保温。也可在地面开沟，连盆摆放其中，盆周围用土埋严，上面稍加覆盖即可。

提示问答

1. 提高草莓栽植成活率的措施包括哪些？
2. 无公害草莓生产如何施肥？
3. 无公害草莓生产如何使用植物生长调节剂？
4. 露地栽培草莓如何进行越冬防寒和春季防霜？
5. 如何进行草莓盆栽？

第六章

无公害草莓设施栽培

阅读指南 本章分别介绍了日光温室、塑料大棚和小拱棚等几种设施形式的棚体结构、建园方法、扣棚时期及棚内温、湿度调控技术。还重点介绍了无公害草莓设施栽培的土肥水管理和花果管理技术，以及草莓畸形果的发生原因及防治对策，最后介绍了草莓抑制栽培和无土栽培技术。

一、设施栽培的种类

草莓的设施栽培方式大体上可分为半促成栽培、促成栽培和限制栽培。其设施形式主要包括日光温室、塑料大棚和小拱棚等。

(一)栽培方式

1. 半促成栽培　在人工条件下打破草莓休眠，促进其提早生长发育的栽培方式，为半促成栽培。半促成栽培近几年发展迅速，在草莓产区已广泛采用。半促成栽培方法多种，其共同点是在满足草莓自然休眠所必需的低温量或打破休眠之后，进行人工保温，促其成熟期提早。

半促成栽培的关键措施是，增施有机肥，施足基肥；良种壮苗，高垄栽培；打破休眠，注重保温；加强管理，防治病虫。打破休眠因地制宜，在低温充足的北方，一般采取喷赤霉素；在低温不足的南方，还需要增加植株冷藏、遮光或高冷地等降温处理打破休眠。打破休眠还因品种而异，休眠深的品种，低温、长日照处理都需要；而休眠浅或休眠较浅的品种，则只需喷赤霉素。半促成栽培主要是在秧苗繁殖圃选择壮苗，直接定植，也可假植育苗，培育优质壮苗。

2.促成栽培　在人工条件下阻止草莓进入休眠，促进其继续生长发育的栽培方式，为促成栽培。促成栽培产量高、品质优，成熟期比半促成栽培更早，但成本增加，管理技术要求也高。

促成栽培的关键措施是促花育苗和抑制休眠，选择休眠浅或较浅的优良品种；促成栽培用苗要求花芽分化早，发育好，其他方面则以半促成栽培为基础。促花育苗方法主要有：移植断根育苗、营养钵育苗、利用山间谷地育苗、遮光育苗、高冷地育苗和冷藏育苗等。抑制休眠主要采取提早保温、加温及电照或赤霉素处理等。也可假植育苗结合适当早定植，并在花芽分化前采取控氮、摘叶等处理，以促进秧苗提早开始花芽分化。

3.限制栽培　使草莓在人工条件下长期处于冷藏被限制状态，延长其被迫休眠期，并在适宜时期促进其生长发育的栽培方式。受生产条件制约，目前限制栽培应用很少。草莓的限制栽培可灵活调节成熟期，弥补浆果供应淡季。

限制栽培的关键措施是长期株冷藏。植株入库冷藏时间，一般在早春土壤解冻时。起苗后洗净泥土，摘除基部叶片，保留3片叶，在阴凉处风干后装箱入库。适宜株冷藏的温度是－2～0℃。根据对草莓浆果的成熟期安排确定秧苗出库定植时间。出库可在傍晚，放置一夜，经流水浸根后定植。限制栽培用苗，要求贮藏营养充足，茎、根粗壮，一般需经假植育苗，或在秧苗繁殖圃内严格选择。

(二)设施形式

1. 日光温室

(1)温室的结构　要求采光,增温和保温性能良好。从我国目前实际情况看,由于地理位置不同,即纬度、太阳入射角度、气候条件件的不同,各地使用的建筑材料、资金实力等条件不同而形成各地有各地的温室代表类型。目前我省保护地果树生产应用的塑料薄膜日光温室其前屋面通常覆盖塑料,其室内热量来源主要靠太阳辐射,一般不需加温设备或辅助加温措施。目前应用较多的是短后坡高后墙塑料薄膜日光温室,见图 6-1。

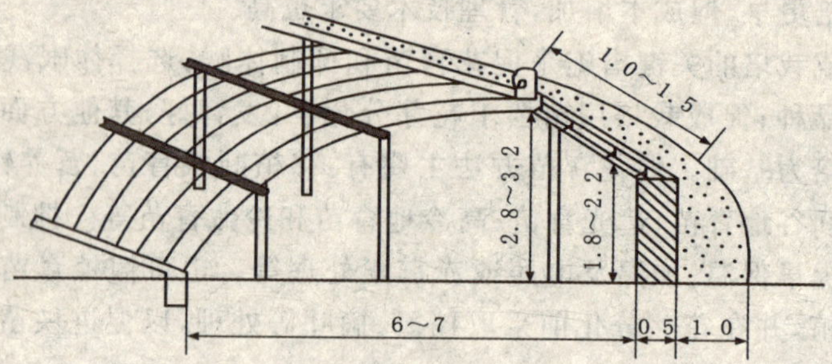

图 6-1　短后坡高后墙薄膜日光温室(单位:m)

①结构:跨度 6～7 m,脊高 2.8～3.2 m,后坡长 1～1.5 m,后墙高 1.8～2.2 m,厚 0.5 m。墙外培土 1.0 m,竹木结构,后坡构造及覆盖层与图 2-9 相似,前屋面结构和前屋面外底脚附设的防寒沟同图 2-9。

②特点:由于后墙较高,作业方便,采光好,冬季太阳光可直接照射到后墙,春秋光照充足,保温性能好。

(2)规划建造温室应注意的问题

①场地的选择:建造温室应选择避风、向阳、地势平坦、高燥、水源充足、排水良好、土质肥沃,前面无遮光的地方。

②温室外的建造方位:为充分利用光能,日光温室的建造为坐北朝

南，东西延长建造较为适宜。果树保护地实践证明，在我国北方不加温的日光温室的冬季，不能过早揭开草帘，否则室内温度不仅不能上升，反而会下降，实际上太阳出来一段时间后才能揭开草帘。因而，还是方位偏西一些好，这样延长下午室内光照时间，有利于夜间保持较高的温度。

③温室的跨度：指北墙内侧至南沿底脚宽，一般 6～8 m 适宜。不宜过大或过小。实践证明，如果跨度加大 1 m，要相应增加脊高 0.2 m，后坡宽度要增加 0.5 m，这样就带来很多不利条件。

④温室的高度：指屋脊最高度。它的高或矮直接影响日光温室空间的大小及光热状况，也影响果树的生长发育。合理的高度，可提高白天的采光能力，增加室内蓄热量，在保温性能好的情况下，可以大大地减缓降温速度。但温室太高，后墙随之增高，不但建造材料增加，保温也较困难。如果在一定的跨度和长度情况下，高度低，则温室空间小。空间小的日光温室受光后升温快，热容量小，午后到夜间降温也快，空气对流和热辐射量小，遇到阴天、低温、寒流，其缓冲能力弱，容易造成冻害。

⑤温室的长度：保护地果树栽培实践中证明，温室长度在 20 m 以下时，室内两头山墙遮阳面积与整栋温室面积比例较大，果树生长受不良条件影响的面积也大。温室太长超过 80 m，在管理上会增加许多困难，如生产资料、苗木、产品等搬运十分不便，一般单向长度以 40～80 m 为宜。

⑥温室前屋面的角度（坡度）：日光温室向阳面多为塑料薄膜覆盖的采光屋面，与地平面构成的夹角叫屋面角，屋面角的大小与太阳高度角（太阳与地面所呈的角度）形成不同的光线入射角，由于入射角不同，光线的入射量与反射损失量也不同。而太阳高度角又随季节变化，同一时期不同纬度的太阳高度角也不相同，冬至前后每隔一个节气，太阳高度角约增加 4°，到夏至达到最大。确定温室前屋面角度以冬至为标准，首先计算出本地区冬至时的太阳高度角，其公式是太阳高度角 ＝90°－当地地理纬度－23.5°。以北纬 40°为例子，冬至时的太阳高度

为 90°－40°－23.5°＝26.5°。如果使温室前屋面的太阳光入射角等于零时，则屋面角度需达到 63.5°。这样的屋面角度在生产上是行不通的。因为温室跨度一定时，这样的屋面角必然使前屋面过长，后墙太高，浪费材料，影响保温效果。而且太阳高度角是随时在变化的，满足了冬至时的需要，在其他时节不一定合适。

⑦温室前后坡的宽度比：保护地果树实际生产中基本分为 3 种类型。一种是“短后坡式”，其前后坡比为(4～5)∶1；第二种是“长后坡式”，其前后坡比为(2.5～3)∶1；第三种是“无后坡式”，即前屋面上端直接架设在较高的后墙上。从实践生产中看，后坡短一些，前屋面大的温室，采光屋面大，光照条件好，增温快，这对于休眠期较长，习光性强的果树尤为重要。所以，目前大部分采用“短后坡式”的塑料薄膜日光温室。

2. 塑料大棚

(1)塑料大棚结构　生产中常用的塑料大棚主要是装配式镀锌薄壁钢管塑料薄膜大棚，见图 6-2。

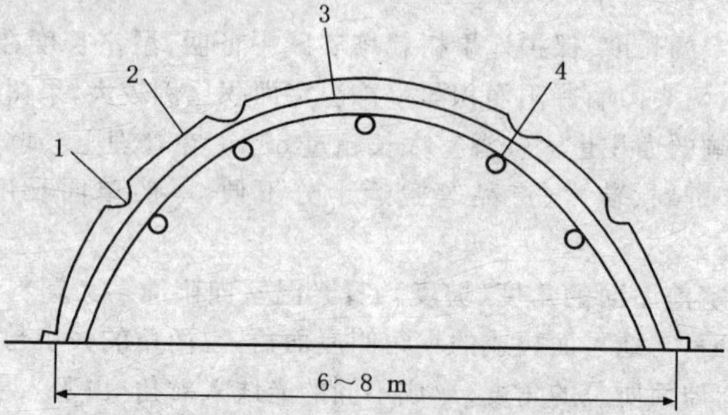

图 6-2　装配式镀锌薄壁钢管塑料薄膜大棚

1. 固定薄膜压槽　2. 薄膜　3. 拱架　4. 纵向拉筋

①结构：跨度 6～8 m，脊高 2.5～3 m，长 30～50 m，用 Φ22 mm×

(1.2～1.5) mm 薄壁钢管制作拱杆、拉杆、立杆(两端棚头用),经镀锌可使用10年以上。用卡具、套管连接棚杆组装成棚体,覆盖塑料薄膜用卡膜槽固定。此种大棚骨架属于定型成品,规格统一,组装拆卸方便。

②特点:棚内空间较大,无支柱,作业方便,光照充足,有利于果树生长发育。覆盖塑料薄膜方便。

(2)建造塑料大棚时应考虑的问题

①塑料大棚建造场地的选择:要选择在背风,向阳,土壤肥沃,便于灌水和排水,交通方便的地方建造大棚。在建造大棚时,应使棚间距离达到 2～2.5 m,棚头间距 5～6 m,才有利于运输和通风换气,避免遮光。

②塑料大棚的面积:从光照、温度、湿度、气和肥水等综合因素考虑,大棚应以 300～700 m^2 为宜。也可采取连栋式的大棚。

③塑料大棚的宽度:大棚的宽度又称跨度。从建棚材料和果树栽培管理两个方面考虑,要求尽可能做到方便和牢固耐用。单栋式大棚多为 8～14 m,超过 15 m 宽度的大棚,必须增加高度,以增加牢固性、抗雪、抗风、承压力等。

④塑料大棚的长度:目前塑料大棚生产应用机械化程度较低,定植、施肥、打药和产品搬运均需人力完成,所以在建造大棚时尽量避免过长,以降低人力负担,一般大棚的长度 30～60 m 较为适宜。

⑤塑料大棚的高度:大棚的中高和两侧的肩高,直接影响着大棚结构的强度、采光、保温、管理操作的性能。一般大棚的中高以 2～2.8 m 较为适宜,最高不超过 3 m。虽然随大棚高度增加可使棚内温度变化趋势较稳定,也有利于果树的生长发育和田间作业,但是大棚愈高承受风力越大,早春季节升温慢,热空气在上层,不利于早熟栽培;大棚过低,棚面弧度小,易受风害,积雪不易下滑,容易造成超载塌棚,降雨时棚顶形成水兜,也有压塌棚架的危险。竹木结构多柱式大棚,多为人工操作通风,中高 1.8 m,最高不能超过 2.2 m,肩高 1 m 左右。钢管组装式和钢筋焊接大棚高度一般以 2.6～3 m 为宜。

⑥塑料大棚的方向：塑料大棚的方向是指单栋式大棚南北向延长还是东西向延长，主要是从光照强度来考虑。我省塑料大棚的方向多为南北延长，也有东西延长的。

⑦塑料大棚的通风：塑料大棚的通风主要是调节棚内气体成分、温度和湿度。大棚宽度 10 m 以上时，多采用 3 道通风口，即留中缝和两道边缝。中缝在大棚中部最高位置，边缝在大棚两侧的肩部，离地面 1～1.2 m 高的地方。这种通风把冷空气从边缝放入热空气从顶缝排出，通风效果较好。不需要通风时，把两片塑料薄膜拉合即关闭，两片塑料薄膜的重叠要超过 10 cm。跨度在 10 m 以下的塑料大棚，上部设置塑料薄膜放风筒，下部利用两道边缝进行通风换气，若设顶缝，侧缝口开闭比较困难。

3. 小拱棚　小拱棚可选用竹木或钢筋为架材，于冬季封冻前将架材两端分别插于畦埂外沿，按畦长方向每隔 0.5 m 插入 1 根，并在中间畦背上适当埋设枝柱支撑。一般棚宽 3 m，棚中间拱起高度 1 m 左右，棚长 10～30 m，每棚扣 2 畦。按畦的方向扣棚，南北或东西均可。东西向棚草莓成熟早，但棚内草莓成熟不一致；南北向棚较东西向棚成熟期稍晚，但成熟一致，采收比较集中。

二、建园

（一）品种选择

草莓的栽培品种很多，我国近些年来先后从欧美和日本引进了不少品种，加上我国自己选育的品种已有 200 多个。在设施栽培中，品种的选择相当重要，由于品种不同，休眠期长短不同，在不同气候条件下适应能力不同，致使结果有早有晚，产量高低也各不相同。生产中应根据当地条件、栽培形式及栽培目的加以选择。保护地栽培草莓要选用休眠较浅，在冬季和早春低温条件下开花多、自花授粉能力强、耐低温、黑心花少、果型大而整齐、畸形果少、产量高、果实风味佳、特别是市场竞争力强的品种。同时，草莓虽然自花结实能力强，但搭配1～2个授粉品种，可明显提高产量。栽培面积较大时，品种上可早、中、晚搭配，既能排开上市时间，又能合理地调整人力物力。

(二)园址选择

草莓具有喜光、喜肥、喜水、怕涝等特点，园地最好选择地势较高、地面平坦、土质疏松、土壤肥沃、酸碱适宜、排灌方便、通风良好的地点。若为坡地，则坡度应不超过2°～4°，坡向以南坡和东南坡为好。在风大地区，尤其是春季干风严重的地区，应事先建立防风林，以防影响授粉受精。土壤不适宜的应先进行改良。前茬作物为番茄、马铃薯、茄子、黄瓜、西瓜、棉花等的地块，应严格进行土壤消毒后，才可种植草莓，因为这些前茬作物的立枯病等病害与草莓芽枯病等病害为同一种真菌引起。草莓较其他水果不耐贮运，对采收和销售时间要求严格。因此，大面积发展草莓，还应考虑到交通、消费、贮藏和加工等方面的条件。宜在大、中城市和大的工矿区附近有计划地发展，确定适宜的发展规模；在远离城市的地方，首先要考虑交通条件、销售途径等问题；切忌盲目扩大面积，造成产品过剩。

(三)培育脱毒壮苗

脱毒苗生长旺盛，抗病虫能力强，单个大，产量高，品质优，一般比非脱毒苗增产25%左右。建立专门的分株繁殖圃，于4～5月份将引进的脱毒苗或从上年栽植脱毒苗的大棚中选择优良母株定植于繁殖圃内。定植距离要充分加大，一般行距1～2 m，株距0.4～1 m。栽植时要去掉母株的老叶、残叶等。栽植后多施氮肥，经常保持土壤湿润，以促进分株，扩大繁殖系数。当母株发出的匍匐茎垂到地面时，将其引向空处，在匍匐茎的叶丛处用土压茎予以固定，使子株间距保持10～15 cm。6月中下旬至7月上旬对子苗进行假植，即将繁殖圃内的幼苗保留3片叶，剪离母株，选择无病地建假植畦，按5 cm×15 cm的株行距进行假植。假植后要注意喷水，保持一定的湿度。假植苗生长50～

60天后可进行移栽断根以利于培养壮苗。草莓壮苗的指标为，展开叶5～6片，单株苗鲜重30 g，根茎粗1.3～1.5 cm，叶柄短而粗，根多、粗而白。

（四）苗木定植

由于日光温室、塑料大棚及小拱棚栽培方式不同，其定植的时间和方式也不尽一致，下面分别简述如下。

1. 日光温室栽培　定植时间一般在8月下旬至9月上旬，若定植过早，易干扰花芽分化而影响产量，或因气温高，成活率低，使单位面积植株减少，导致减产；定植过晚，地温下降，影响草莓根系发育，同样会减产。栽植密度采取宽、窄行（双行）栽植，通常在做好的垄上栽双行，行距为35～40 cm，穴距25～30 cm。栽植深度以“深不埋心，浅不露根”为宜，过深会影响新叶的发生，并导致新株死亡；过浅，部分根系暴露，水分蒸发量大，且吸水困难也会影响成活。栽植时先顺垄覆地膜压严四周，再在垄上按栽植密度破膜刨穴，将苗木舒展根系，培细土，使秧苗基部与床面平齐，弓背向外，有利于疏花、采果和减少病虫害发生。亦可先栽植后覆地膜。

2. 塑料大棚定植　大棚草莓的定植时间要求在8月中旬以前完成，定植时尽量选择阴雨天和傍晚栽植，其他方面参考日光温室定植要求。

3. 小拱棚定植　小拱棚栽培，分叉的产量占了相当大的比重，因而要适当稀植。为促进缓苗，可选在阴天或晴天下午栽植。定植前将苗木老叶剪除，留2～3片新叶，同时可用5～10 mg/kg的萘乙酸（生根粉）浸根，增加新根量。注意保持秧苗根系的湿度，不要将秧苗的根暴露于空气中。具体定植方法同日光温室栽培。小拱棚草莓一般定植株距15～20 cm，行距20～30 cm。要随起苗，随栽植，有条件的可采取带土垛移栽，以提高成活率。缓苗后要及时加强土肥水综合管理，新叶长出后要及时摘除老叶，浅中耕。幼苗长出3片幼叶后，可结合浇水追施少量速效性肥料，每667 m^2 可追施尿素5～10 kg或复合肥10～

15 kg。对抽生的匍匐茎要及时摘除，以有利于节省营养，促进花芽形成。小拱棚草莓的定植时间要求在 8 月中旬以前完成；小拱棚采用平畦栽培，株行距可为 20 cm×20 cm。其他方面参考日光温室定植要求。

（五）苗木定植后的管理

苗木定植后至扣棚前的管理应围绕花芽分化这个中心来完成。草莓苗定植后及时浇水，保证苗木成活，经缓苗开始进入花芽分化期，此时应控肥控水，防止苗旺长，以促进花芽分化。

三、扣棚时期及棚内温、湿度调控

（一）扣棚时期

适时扣棚保温是草莓保护地栽培技术中的关键。扣棚过早会影响草莓腋花芽分化（一定低温有利于花芽分化），导致减产；扣棚过晚，又导致草莓休眠，植株矮化，发育不良，使栽培失败。扣棚保温适期是当外界夜间气温降到 8～10℃时，一般温度在 5℃以下，草莓进入休眠；夜间 6～7℃为保温期临界温度。

1. 日光温室　日光温室是在 10 月上中旬，保温采用 3～4 层透明膜，即地膜、连体小拱棚和大棚内、外层。也可不用内层而外覆草帘。棚外层应采用聚氯乙烯无滴膜。

2. 大棚草莓　大棚草莓扣棚保温时间自 11 月份至翌年 2 月下旬均可。为了便于管理，一般在苗木进入休眠，土壤尚未封冻这段时间进行，即 11 月上旬至 12 月上旬。农民操作时大部按大雪节气之前扣棚。2 月中下旬扣棚也可以，但由于此期尚未解冻，操作起来有一定难度。应该注意的是：如果早扣棚，扣完棚后扣地膜；如果晚扣棚必须先扣地膜，要求在土壤封冻前完成。过早扣棚，像宝交早生品种易出现不出蕾，影响产量。早春苗开始活动后，随即将苗破地膜掏出，并将老叶全部摘掉，并用果筐编织袋将老叶清除至棚外，经风干后统一焚烧，防止病虫滋生和蔓延。

3. 小拱棚　小拱棚扣棚时间在早春2月中下旬。品种安排可参照大棚的品种安排，在土壤封冻前先进行覆地膜，2月中旬扣拱棚之前3～5天将苗破膜掏出。棚北侧可采用玉米秸等设置风障。

(二)棚内温、湿度调控

温、湿度的有效控制，是保护地栽培成功的重要环节，我们应明确草莓各生长阶段的温度需求，通过各种方法进行调节，以保证草莓正常的生长发育。草莓对温度适应性强，根系在2℃时开始活动，5℃以上时芽开始萌动。根系最适宜的生长温度15～20℃，植株最适宜的生长温度20～25℃；花芽分化适宜温度为5～25℃，低于5℃，超过25℃均不能进行花芽分化；花期温度20～25℃，有利于花粉发芽，13.8～20.6℃有利于花药开裂；果实膨大前期白天25～28℃，夜间8～10℃，后期白天22～25℃，夜间5～8℃，5℃以下草莓进入休眠，30℃以上影响正常生长。由于草莓根系较浅，植株小，叶片大，蒸腾作用强，对水分的要求较高，现蕾至开花期土壤水分应充足，以田间持水量70%为宜，果实膨大期应保持在80%左右为宜，花芽分化期应适当控水，防止徒长，60%～65%为宜。

1. 日光温室的温、湿度调控　扣棚后室内温度迅速升高，做好温度调节非常重要，温度主要是通过放风口调节。扣棚后，上午10时以后(晴天时)温度在35℃以上，应及时放风降温，使白天温室温度维持在28～30℃，夜间温度12～15℃，最低不能低于8℃。随着温度不断下降，夜间棚膜上应及时放置草苫加强保温，当夜间室内温度降到8～10℃时早晚开始揭放草苫。温室中的增温和保温，是靠白天日光透过薄膜射入室内，使温度不断增加。白天积累的温度保存起来是靠夜间棚膜上的草苫阻止热量外传。人为调节室内温度时，要靠白天揭盖草苫的早晚和中午扒开放风口的大小和放风时间来调节。扣棚后30天左右时间开始现蕾，现蕾期温度白天25～28℃，夜间10℃为宜。夜温若超过13℃,将导致腋花芽退化和雌雄蕊发育受阻。开花期温度管理非常关键,首先要做好温度调节,开花期室内温度白天23～25℃为宜,夜间8～10℃为宜。草莓花药开裂所需最低温度11.7℃,适宜温度为13.8～20.6℃,温度过低花药不能开裂,影响授粉受精。开花期室内温度不能过高。开花坐果后,果实进入膨大期,室内温度维持在20～25℃,夜间6～8℃。

扣棚后室内湿度非常高,一般早晨能达到100%。湿度大不利于草莓正常生长发育,且易发生病害,降低室内湿度也是一项重要工作。室内湿度的来源是土壤、植株蒸发,如铺地膜时将土壤全部盖严,会明显降低室内湿度,采用滴灌,湿度会更小一些,因此降低湿度要从多方面考虑。通常降低湿度与保温是矛盾的,早晨湿度最高,恰恰需保温,中午前后放风降湿为最佳选择时间,其他时间降湿应以先保温为原则。

2.塑料大棚的温、湿度调控　早扣棚后因气温逐渐降低,3月初以前不用人为调节棚温,冬季将棚封严防止透风,如遇大雪天气,应及时将棚面上的雪清除下来,防止将棚架压伤。2月下旬以后棚温升高,苗木开始生长,到3月上中旬,室温白天可达30℃以上,此时正值花前期,应做好温度调节。要求萌芽至现蕾期白天15～20℃,夜间8℃左右,防止植株徒长,大棚草莓关键在花前不徒长,一旦徒长将大大影响产量,所以此期温度控制非常重要,开花结果期白天20～25℃,夜间5～6℃为宜。温度调节方法是靠放风口,初期大棚放风可通过南北两侧的棚门进行放风,至不能满足温度要求时,将底角上面风口同时打开。其湿度控制参考日光温室。

3.小拱棚的温、湿度调控　塑料小拱棚栽培一般在2月下旬草莓进入萌动期,应及时封棚保温和破膜提苗。草莓萌动后进入生长期,随棚温的不断升高,要逐步进行放风,调节棚温。早期自然气温低,棚温也低,放风时只适当揭开棚两端棚膜。开始时每天上午揭开,下午关闭,适量放风。随气温的升高,棚温也上升,应逐步加大放风量,逐渐做到早揭晚盖,延长放风时间,以利于棚内换气散湿。不同时期的适宜棚温为:萌芽至显蕾期15～20℃,开花结果期20～25℃,夜间不低于

5℃，白天最高不超过30℃。其湿度控制参考日光温室。

四、土肥水管理

（一）土壤管理

由于保护地栽培草莓采用高垄栽植，能保持土壤疏松，一般不需中耕，因此土壤管理的主要内容是地膜覆盖，草莓采用地膜覆盖，有利于植株生长发育。地膜覆盖具有多方面作用：提高地温，透明膜可提高地温2～10℃，黑色膜可提高地温0.5～4℃。保持土壤水分，可节省灌溉水30%。改良土壤结构，可防止频繁灌溉对表土的板结，防止氯化钠等盐类上升。增加土壤速效养分，由于地膜覆盖后提高地温改进土壤结构，微生物活跃，有利于土壤有机质分解，提高了速效养分的含量，同时也能减少土壤养分的流失。防除杂草，黑色膜对防除杂草有利，与化学除草相比，其效率高，无毒，适应性广。降低保持低空气湿度，地膜覆盖可减轻地表水分蒸发，因而对保护地来说，可有效地降低空气湿度，抑制病害发生。防止浆果触地，地膜覆盖具有垫果作用，能避免浆果沾污或腐烂，保持果面洁净。促进根系生长，吸收根和新生根数量可增加22%～28%。提前根系生长，萌芽期提早7～8天，开花期提早11天，果实成熟期提早10～17天，采收期可延长7天。提高果实产量，单株花序数可增加25%～35%，单株花朵数可增加12%～52%，有效果数可增加14%～23%，先期产量可增加1.7倍。

在日本，无论哪种栽培方式的草莓，均实行地膜覆盖。地膜覆盖时期应根据气候环境和栽培要求而定。为越冬防寒，一般在土壤封冻前浇足封冻水，3～5天后地表稍干时进行覆盖(11月中下旬)。以提高地温为主要目的，应采用透明膜；以防除杂草为主要目的，应用黑色膜。地膜厚度一般为0.008～0.02 mm，太厚则难于紧贴地面。覆盖时，要求绷得紧、压得牢、封得严。可连苗一起覆盖，保护地内温度适宜萌芽时，即可破膜提苗。

（二）施肥

草莓喜肥，对肥料的需求量比其他果树大。氮肥不仅可促进茎叶生长，还可促进花芽、花序和浆果的发育；磷肥能促进花芽形成，提高结果能力；钾肥能促进浆果肥大成熟，提高含糖量，增进果实品质。其他元素也都是草莓生长发育不可缺少的。由于草莓在短期内既生长茎叶又大量开花，还要形成高产，故必须要有充足的养分供给，尤其是氮磷钾三要素的供给，更为重要。

1. 基肥　基肥以有机肥为主，是较长时期供给草莓多种养分的基础肥料。施基肥是在定植前进行，由于草莓栽植密度大，生长期补肥较为不便，因此，基肥最好一次施足，施用量一般每亩不少于鸡粪 2 000 kg 或优质厩肥 5 000 kg，并可加入适量磷钾肥等。烟台产区的栽培实践证明，鸡粪是适合草莓生长发育的优质有机肥，鸡粪与猪圈肥相比，有机质是其 2 倍多，含氮量是其 3 倍多，含磷量是其 8 倍多，含钾量也较高。有机肥应腐熟后施用，并充分捣碎撒施均匀。

2. 追肥　追肥采取“少量多次”的原则，以及时补充草莓所需要的养分，在肥料品种上以速效性肥为主，要掌握适氮、增磷钾的原则，其数量和次数依土壤肥力和植株生长发育状况而定。一般从扣棚至显蕾，可 10 天左右施一次肥，肥料以复合肥为主，氮磷钾含量各 15%，每 667 m^2 用量 20 kg。

3. 根外追肥　又称叶面喷肥，简便易行，用肥量小，发挥作用快。草莓密度大，且地膜覆盖，因而特别适宜采取根外追肥。根外追肥可提高叶片光合强度，提高叶片呼吸作用和酶的活性，促进根系发育，增加果实产量，改善果实品质。通常中后期结合喷药，叶喷 0.3%～0.5% 的尿素、0.3%～0.5%的磷酸二氢钾、0.1%～0.3%的硼酸、0.03%的硫酸锰、0.01%的钼酸铵、多元微肥或 883 丰产灵、植宝素等有机营养液，以促进中后期果实的良好发育，提高果重及含糖量，使果味更鲜美，商品价值更高。根外追肥以现蕾期、开花期、花芽分化期最需要。喷布时间以下午 4～5 时为宜。

(三)浇水

扣棚后,室内温度高,水分蒸发快,故土壤很容易缺水,特别是这个时期植株生长旺盛,需水量大。然而在温室中由于棚膜和地膜的覆盖,棚膜和地膜下边随处都可见到水滴,土表面也很湿润,这就给人们一种不缺水的假象,实际上植株根层往往已缺水,因此及时浇水非常必要。此时正值花期,结合追肥应浇一次透水。从生产实践看,植株是否缺水,不完全取决于土壤是否湿润,重要标志要看室内早晨植株叶缘是否吐水,通常情况下,即使土壤湿润,如植株不吐水,应视为缺水。这种现象早晨明显,10 时后随室温增高,开始消失。开花前 1 周左右,要停止浇水;开花后,结合施肥浇水。草莓对水分要求较高,不同生育期对土壤水分要求也不同。果实肥大期要特别注意灌水,此期充足的水分供应,是确保高产的一个重要因素。育苗时和定植后需水多,应及时适量地灌水。早春只要不过于干旱可适当晚灌,而且灌水不宜过大,以免降低地温,影响根系生长。秋末应适当控水,以防植株贪青生长,不利越冬。土壤封冻前应灌一次封冻水,以利草莓安全越冬,并能促进翌年早春的生长。

五、花果管理

(一)应用赤霉素

扣棚加温后,植株长出 1～2 片幼叶时喷 10～20 mg/kg 赤霉素,每株喷 5 mL 药液,间隔 1 周,按长势强弱可酌情喷 2～3 次,促进生长发育。

(二)放蜂促进授粉

草莓授粉不良易产生畸形果和坐果不整齐,若在棚内放养 1～2 箱蜜蜂,可明显提高坐果率和减少畸形果的发生。放蜂时间在整个花期进行，放养量以每 667 m^2 2 只蜂箱为宜，授粉期间棚内白天温度保持在 20～25℃。

（三）疏蕾

适度疏蕾，可促使单果重增加，果实产量提高，果个大小均匀，成熟期提早，采收期集中，采收次数减少，从而增产增值。草莓以先开放的低级次花结果好，果个大，成熟早，价格高。随着花朵级次增高，往往开花后不能形成果实而成为无效花，或者即使有的形成果实，也由于太小无采收价值而成为无效果。因此，应在花蕾分离至一、二级序花开放时，根据限定的留果量，疏除后期未开的花蕾。

（四）摘叶

草莓一年中新叶不断发生，老叶也不断形成。老叶具有较多抑制花芽分化的物质且营养消耗大于光合积累；病叶带有病菌易传播蔓延。因此，应适时适量地摘除老叶，及时摘除残叶和病叶，并将其带出园外销毁或深埋。从而可促进花芽分化，降低养分消耗，改善通风透光，提高光合效率，减少病虫害发生，有利于草莓植株生长发育。

（五）垫果

草莓植株矮小，坐果后果实下垂易接触地面，易造成果实被泥土污染和病虫危害，也易造成果实着色不均，影响果实品质，因此需要垫果。草莓垫果最好采用地膜覆盖，结合土壤管理，一举多得。没有地膜，也可在现蕾后铺上切碎的稻草或麦秸垫果。垫果材料在果实采收后应及时撤除，以利于中耕施肥等田间管理。

（六）除匍匐茎

草莓匍匐茎消耗母株营养，易使植株郁闭拥挤，影响通风透光。因而摘除匍匐茎，可明显避免消耗，改善光照，有利于花芽分化，增强越冬能力，提高果实产量和品质。在果实发育期发生的匍匐茎，应及时摘除。人工摘除匍匐茎费工，可试用多效唑、青鲜素或矮壮素等，来抑制匍匐茎的发生。摘除匍匐茎可结合中耕、培土、摘叶等管理进行。高级次花序易出现雌雄性不稳，开花后疏除一定的高级次花果，不仅可降低畸形果率，也有利于集中养分供应低级次花果发育，使果个增大，提高整齐度。

（七）适时采收

大棚草莓果实以鲜食为主，必须在70%以上果面呈现红色时方可采收，冬季和早春温度低，要在8～9成熟时采收；早春过后温度逐渐回升，采收期可适当提前。采摘应在上午8～10时或下午4～6时进行，不摘露水果和晒热果，以免腐烂变质。采摘时要轻摘、轻拿、轻放、不要损伤花萼，同时要分级盛放并包装。草莓果正确的采收方法是用拇指和食指的指甲切断果柄，随即摘下，采下的果实果柄越短越好，否则果实之间会因果柄过长而相互扎破，影响果品质量，造成不必要的损失。包装是保护地草莓实现优质高效的重要一环。冬季生产的优质草莓果配以一流的包装才能真正体现出它的商品价值。这种包装是在学习日本、新西兰等国包装基础上加以改进而成的，外包装为纸箱，内装6小盒，每小盒装果15粒，重约250 g，小盒包装为白色托盘，质地是聚丙烯，上覆保鲜膜，保鲜膜目前有两种，一种是国产的，一种是日本进口的，一般为卷装进口保鲜膜（日本三井公司制造），每卷长500 m，价格100元人民币，能包装约200个小盒，包装净果500 kg。这种膜优点是透明、保鲜、吸湿、透气性好，采用这种保鲜膜包装与塑料小盒装相比，草莓货架期可延长5～7天，包装的整个过程是靠机械作业完成的，一般每2 s可包装1个小盒(250 g装)，效率很高。各地目前采收包装期多采用小塑料盒装，小盒标准以装一层果重150～250 g不等。然后再装入5～10 kg不等的纸箱中。塑料小盒缺点易起雾滴，并很难消除，即使在盖上面打几个小的透气孔，仍然起雾滴，既不美观，又易造成果发霉变质。这种包装过程是靠人工完成，因此推广使用机械包装。目前日本、澳大利亚、新西兰等设施草莓多采用这种机械包装。包装机价格:进口原装价格为(日本三井公司制造)2 500 元/台,国产(北京百事凯公司制造)1 500 元/台。随着设施草莓发展,在全国各大中城市均可买到鲜草莓,从销售方式上看,生产者以批发为主,采果初期多为零售。要用空运,一般当日可运至全国各地,汽运最普遍,如果运距离长应留有通风孔防止运输途中果实伤热。

六、草莓畸形果的发生及对策

(一)发生原因

草莓畸形果发生的主要原因是授粉受精不良,但其发生程度则与以下因素有关。

1. *品种差异* 在草莓主栽品种中,宝交早生、春香等多为正常完全花;而有些品种易出现雄蕊短、雌蕊长的花,且花粉粒少而小,多无发芽力,因而易发生畸形果。

2. *花朵级次* 低级次花易出现雄性不稳,高级次花易出现雌性不稳,但前者只要有良好花粉授粉就可正常坐果发育,而后者却不能坐果或坐果不良。一级序花一般正常果占 90%以上,畸形果占 5%左右,不坐果的很少;二级序花一般正常果占 80%~90%,畸形果占 5%~15%,不坐果的占 5%左右;三级序花一般正常果仅占 60%~70%,畸形果和不坐果的各占 15%~20%。

3. *访花昆虫* 草莓的访花昆虫主要有蜜蜂及花蝇、花虻类等。蜜蜂是草莓最重要的访花昆虫。烟台大棚草莓,一般在 2 月份花期自然出现花蝇类,在 3 月份花期自然出现蜜蜂。调查结果表明,大棚草莓无蜜蜂及花蝇类区的畸形果率,比有蜜蜂及花蝇类区的增加 33%左右,高 2 倍以上。

4. *温度和湿度* 低温、高温或高湿,都易引起畸形果的发生。草莓开花时,温度在 0℃以下就可导致花托变黑;在 40℃以上则花粉发育不良;高湿影响花药开裂,且引起水滴冲刷柱头。如龙口市有的大棚草莓，在开花坐果期昼夜密闭，棚内形成高温高湿条件，3月上旬最高温度在35℃以上，相对湿度100%，棚内出现大量水滴，结果造成畸形果率高达90%。

5.花期喷药　花期喷药易引起畸形果发生，特别是当日开放的花朵更是如此。有的大棚草莓，由于花期滥用农药，不仅直接阻碍了授粉受精，而且杀死了蜜蜂及花蝇类，致使其畸形果率为正常用药棚的3倍左右。

(二)防治对策

针对草莓授粉受精的问题，防止草莓畸形果的发生主要应考虑以下对策。

1.配置适宜授粉品种　由于草莓存在着雌雄稔性的差异，故应选择花粉量多的品种作授粉品种，与主栽品种混植。宝交早生、春香等品种花粉量丰富。烟台大棚草莓，主栽品种为宝交早生，授粉品种为春香、丰香等，授粉品种比例占5%～10%，能有效地降低畸形果率。

2.棚内放置蜂箱　保护地栽培的草莓花期早，前期自然出现的访花昆虫少，因此最好在保护地内放置蜂箱。该方法已在日本广泛采用，效果很好。蜜蜂飞行距离一般为400 m。访花时间为上午8～9时到下午3～4时，活动温度范围一般在15～30℃。对其他访花昆虫，也应加以保护利用。

3.控制温度和湿度　花期应严格保护地内的温度和湿度。温度宜控制在20～28℃。要适时放风以降温降湿。采用无滴薄膜，能防止水滴的影响。滴灌能有效地降低保护地内的空气湿度。花期只要地表不干，一般不需灌水。

4.疏花疏果　疏除易出现雌性不稔的高级次花，可明显降低草莓畸形果率，且有利于集中养分，提高单果重及果实品质。

5.减少用药次数　保护地草莓的病虫害防治应采用以农业防治为主的综合措施，尽量不用药或少用药。若病虫害较严重，则应注意在花前或花后用药。

6. 采取人工授粉　在中午 11～12 时花药开裂高峰期，采取人工微风（用扇子等）进行人工辅助授粉，也有良好效果。

七、抑制栽培

抑制栽培，也就是草莓普通大棚抑制栽培，即利用冷库使草莓在人工条件下长期处于抑制状态，延长其被迫休眠期，并利用普通大棚在适期促进其生长发育。一般每 667 m^2 年产商品果 2 500～3 000 kg，10 月份开始采收，但采收期可灵活调节。

（一）育苗特点

1. 秧苗标准　草莓抑制栽培，由于其突出特点是将草莓秧苗放入冷库长期冷藏，所以，其秧苗标准在草莓设施栽培中，有其特殊要求。秧苗的标准为：新茎粗 1.5～1.8 cm，苗重 30～40 g，粗根多，贮藏养分充足，不过早现蕾，入库时，氮素不过多，耐前期冷藏。

2. 培育措施

（1）选择适宜品种　适宜抑制栽培的品种，耐寒性强，花芽分化和发育迟，定植后生长发育旺盛，产量高，品质优。目前生产中多采用宝交早生等。

（2）适时采苗假植　草莓抑制栽培的育苗，需实行抑制花芽分化发育的育苗管理。育苗前期，应加强肥水管理，提供良好的营养条件，促进秧苗营养生长，不需采取控氮促花等措施使其过早转向生殖生长。育苗后期，应适当增施磷钾肥，防止入库时氮素过多。可于 11～12 月份用河沙或锯末培苗，抑制花芽发育。

（二）管理要点

草莓普通大棚抑制栽培，其管理要点首先是植株冷藏，其次是大棚管理。植株冷藏是抑制栽培中最关键的环节，大棚管理则与普通大棚半促成栽培基本相同。

1. 入库冷藏

(1)入库时间　入库过早或过晚均不适宜。研究结果表明，12 月下旬至 2 月中旬入库，产量均较高。目前生产中为了降低成本，一般在土壤解冻时入库。

(2)掘苗包装　掘苗要认真细致，尽量少伤根。苗掘起后应轻轻抖动，去掉根部泥土。摘除基部叶片，只保留展开叶 2～3 片，以减少贮藏养分的消耗。有过早现蕾的也要摘除花蕾。植株整理后的当天即行包装。包装箱一般用木箱或塑料箱，箱内所铺的包装材料，其种类对草莓秧苗出库时的状态和产量有明显影响。目前生产中箱内包装材料，多采用聚乙烯黑地膜或 EVA 薄膜(乙烯-醋酸乙烯)。装箱时，苗叶靠箱两侧，苗根在箱中间，相互交错排列。装箱宜实不宜松，手压稍有弹性即可。装满箱后，用薄膜将苗密封，然后钉紧箱盖，用绳捆好。

(3)库温管理　冷藏温度宜稳定在－2～0℃。1℃以上时开始萌动，－3℃以下时根和芽易受冻害。温度管理不善，常常是造成植株冷藏失败的重要原因。应经常进行库温、箱温检查，确保温度正常稳定。

2. 出库定植

(1)出库处理　出库处理方法通常有两种，一种是定植的当天早晨出库，立即浸根，下午定植；一种是定植前一天傍晚出库，放置一夜，第二天早晨开始浸根，之后定植。生产中多采用前一种。

秧苗出库后必须浸根，否则定植成活率低。一般需流水浸根 3 h。

(2)定植时期　草莓抑制栽培，定植时期是随着采收期的早晚而灵活确定。一般来说，出库定植早，从定植到采收所需时间短，果小，产量低；出库定植晚，从定植到采收所需时间长，果大，产量高(表 6-1)。

表 6-1　草莓抑制栽培定植期与开花结实的关系

定植期/(月.日)	现蕾期		开花期		采收期		单果重/g
	平均/(月.日)	所需天数	平均/(月.日)	所需天数	始期/(月.日)	所需天数	
6.15	6.25	10	7.3	18	7.22	37	6.0

续表 6-1

定植期 /(月.日)	现蕾期		开花期		采收期		单果重 /g
	平均 /(月.日)	所需天数	平均 /(月.日)	所需天数	始期 /(月.日)	所需天数	
7.15	7.22	7	7.28	13	8.11	27	4.5
8.15	8.22	7	8.30	14	9.20	36	6.5
9.1	9.8	7	9.15	14	10.7	36	7.0
9.5	9.14	9	9.19	14	10.15	40	7.0
9.10	9.21	11	9.30	20	10.25	45	10.5
9.15	10.1	16	10.12	27	11.5	51	15.0
9.20	10.10	20	10.25	35	11.22	63	12.0

3. 大棚保温　草莓秧苗出库定植晚，生育期正逢低温季节，需进行大棚覆盖保温。例如，9 月上旬出库定植，前期采收期为 10～12 月份，后期采收期为 3～5 月份，在这期间，需利用普通大棚及时保温。宝交早生在 5℃以下 500 h 开始保温，产量提高(表 6-2)。

表 6-2　草莓抑制栽培保温始期对后期开花结实的影响

保温始期 /(月.日)	5℃以下 时间/h	开花始期 /(月.日)	采收始期 /(月.日)	100 m^2 产量 /kg	产量比较 /%
12.16	100	1.22	3.4	281.7	100.0
1.5	300	1.30	3.8	359.8	127.7
1.19	500	2.7	3.15	410.2	145.6

注：品种为宝交早生；出库时期为 9 月中旬。

八、草莓无土栽培

草莓无土栽培，是将草莓植株置于含有多种营养元素的水溶液或营养液加基质中栽培，并成熟结果的栽培方法。这是一种新兴的栽培技术，不受地方大小的限制。规模可大可小，大的可工厂化栽培，小到每家每户，在窗台，阳台等处栽培。无土栽培的优点产量高，品质好，果色艳丽。现将我国目前草莓无土栽培方法介绍如下。

(一)有基质的无土栽培

有基质的草莓无土栽培方法,用基质代替土壤,固定植株,营养液供草莓生长发育。

1.基质的选择　选择的基质应具备通透性,保水性强的特点。常用的有蛭石,炭化稻壳,锯末等。

2.栽植床的准备　家庭利用阳台种植时,要用木板围成池子,深30 cm左右,底部铺塑料薄膜或油毡纸防水。上面加30 cm左右的锯末吸水,锯末上铺基质20 cm。整平压实。在秋季定植,株距20 cm,行距25 cm。为满足生长需要,要浇施营养液。

营养液配方很多,现将荷兰基质草莓的营养液配方(表6-3)和我国采用的2/3稻壳+1/3花生壳粉和蛭石做基质时的营养液配方(表6-4)介绍如下,供参考。

表6-3　荷兰基质草莓的营养液配方

营养元素	用量/(mg/L)	营养元素	用量/(mg/L)
N(NH_4^+)	7	Fe	0.84
N(NO_3^+)	214	Mn	0.55
P	46.5	B	0.30
K	302	Zn	0.32
Ca	150	Cu	0.05
Mg	48.6	Mo	0.05
S	48		

表6-4　国内基质草莓的营养液配方

肥料	化学式	用量/(mg/L)	肥料	化学式	用量/(mg/L)
硝酸钙	$Ca(NO_3)_2 \cdot 4H_2O$	1 260	硼酸	H_3BO_3	4
磷酸氢钙	$CaHPO_4$	515	硫酸钙	$CaSO_4 \cdot 5H_2O$	0.12
硫酸钾	K_2SO_4	870	硫酸锌	$ZnSO_4 \cdot 7H_2O$	0.8

续表 6-4

肥料	化学式	用量/(mg/L)	肥料	化学式	用量/(mg/L)
硫酸镁	$MgSO_4 \cdot 7H_2O$	537	钼酸铵	$(NH_4)Mo_7O_{24} \cdot 4H_2O$	0.08
螯合铁	Fe-EDTA (13%～14%)	30	硫酸锰	$MnSO_4 \cdot 4H_2O$	8

3. *定植后的管理*　无土栽培管理简单，每隔 3～4 天浇一次营养液。采果后施些复合肥。

(二)草莓水培方法

用营养液，不用基质，也不用土的一种栽培草莓的方法。这里只介绍家庭小型容器水培法。

1. *容器的选择*　家庭在楼顶、平台、室内窗台均可用一些小型器皿水培草莓。北方冬季供暖后，室内温 10℃以上，最高 18～23℃，适合草莓生长。根据室内条件，可选择玻璃罐头瓶(盛 500 mL 营养液)，瓶盖用硬泡沫塑料板切成瓶盖大小的圆板，盖中间钻一孔，定植一株苗，盖两边各钻一个孔，用来通气。瓶外用黑塑料包住，以防透光时间长瓶内出现青苔。适合冬季使用的，还可用能盛 1 000 mL 溶液的六边形塑料花盆栽培。同样方法，用硬泡沫塑料剪成六边形盖，打成两个定植孔，两个通气孔，每盆可定植 2 株草莓苗。另外也可以利用木槽栽培。一般木槽长 90 cm，宽 12 cm，高 15 cm。木槽里用塑料薄膜衬底，槽盖 1 cm 厚，或用 0.5 cm 的塑料板作盖，每隔 15 cm 打一个定植苗的孔，每孔定植 1 株。

2. *营养液的配制*　取硝酸钙 236 mg/L，硝酸钾 303 mg/L，磷酸铵 57 mg/L，硫酸镁 123 mg/L，溶解在自来水中，配成 A 液。取硝酸钙 236 mg/L，螯合铁 16 mg/L，硼酸 1.2 mg/L，氯化锰 0.72 mg/L，配成 B 液。将 A 液和 B 液混合在 1 000 mL 的容器中，作母液贮存待用。

在使用时必须先稀释，草莓植株生长时进行施用，开花前用体积分数为 1.0 的稀释液，即取母液 1 mL，加水 9 mL。开花后要用体积分数为1.7的稀释液，取母液1.7 mL，加水8.3 mL。其pH值用硫酸调至6.8左右。母液应保存在低温、避光处。

3. 定植　先把栽植容器洗干净。将稀释好的营养液倒入容器，溶液距容器口1 cm。选用壮苗，并经过一定的低温量，即花芽已分化。在10月中旬定植。

4. 定植后的管理　秧苗定植后15～20天，每周向容器内补充一次稀释好的营养液，每株每次补液50～100 mL。由于溶液不断蒸发，所以要及时补水，冬季2～3天补水一次。加水量与定植时水位相平。如是春夏每天补一次水。使营养液的量与其浓度保持稳定。因容器小，营养液量不够用常造成缺氧，也应注意补氧。除及时补水和营养液外，用橡皮管把营养液导入另一容器，反复几次可以补氧。

当植株开花坐果期，为集中养分供果发育，及时除老叶、匍匐茎、疏花、疏果。每株保留5～6片叶，顶花序留5～6个果。

提示问答

1. 无公害草莓设施栽培主要包括哪些种类?
2. 如何进行了设施内温、湿度调控?
3. 如何进行了设施内无公害草莓土肥水管理?
4. 如何进行了设施内无公害草莓花果管理?
5. 如何防治草莓畸形果的发生?
6. 如何进行草莓抑制栽培?
7. 如何进行草莓无土栽培?

无公害农产品

第七章

草莓病虫无害化综合防治技术

阅读指南 本章主要介绍了草莓病虫无害化综合防治技术，强调以农业防治为主，提倡生物防治、生态防治和物理防治，科学使用化学防治。另外还详细介绍了草莓病毒病、草莓病害、草莓生理病害和草莓虫害及上述病虫害的无害化防治措施。

一、草莓病虫无害化的综合防治

(一)病虫害防治原则

草莓病虫害防治，要把当前的防治效果与对自然生态系统的长远影响结合起来考虑，防治措施要求做到完全无害、经济可行和切实有效。为了能有效控制病虫害，提高经济效益和保护环境，必须贯彻“预防为主，综合防治”的植保方针。强调以农业防治为主，即通过采用脱毒壮苗、高垄栽植、地膜覆盖、水旱轮作及避免干旱、高温等措施预防病果、烂果的发生；田间发现病株烂叶和果实要及时清除，集中销毁，严防扩展蔓延。提倡生物防治，注意保护利用天敌，充分发挥天敌的自然控制作用。提倡生态防治和物理防治。按照病虫害发生规律，选用高效生物制剂和低毒化学农药，科学使用化学防治技术，最大限度地降低农药用量，减少污染和残留，药剂防治要避开花期，以免影响授粉，使畸形果增多；采果期要尽量少用药，必须用药时应选择残毒低的药剂，并且喷药后 2～3 天内应停止采果，使产品质量符合国家无公害食品标准规定。

(二)农业防治

1. 选用抗病虫品种　选用抗病虫品种是经济、安全、有效的防治病虫害的措施，并可减少农药使用。但具体选择品种时，要从实际情况出发，考虑品种的产量、品质、市场需求、经济效益和栽培要求等因素后再行决定(表 7-1)。

表 7-1　草莓病害的主要抗病品种

病害	抗性品种
白粉病	明旭，明宝，弗杰尼亚，哈达，春旭，赛娃，章姬，全明星，美香莎，幸香，宝交早生，新明星
灰霉病	石莓 2 号，春星，硕丰，女峰，春香，明旭，达赛莱克特，丽红，鬼怒甘，章姬
叶斑病	赛娃，矮丰，森嘎拉，因都卡，新明星，红岗特兰德，早红光，全明星
炭疽病	石莓 2 号，硕丰，申旭 1 号，春星
黄萎病	丰香，静香，早美光，美德莱特，丽红，新红光，早红光，红手套，章姬，全明星，静宝
根腐病	早美光，全明星，新红光，早红光，春香，红岗特兰德
枯萎病	丽红，春香，静宝，红岗特兰德

2. 选用脱毒苗　选用品种纯正、健壮、无病虫害的无病毒苗作为繁殖用苗的母株，并建立专用的繁殖圃培育生产用苗，圃地的前茬如为草莓或茄科作物，事先应进行土壤消毒。

3. 栽植地选择　草莓种植园要求土壤疏松肥沃、背风向阳、排灌条件好。如果土壤黏重或土壤 pH 值不适宜，栽前应采取客土等土壤改良措施。

4.整地施肥 定植前结合耕翻整地进行施肥。以有机肥为主，基肥用腐熟农家肥，如鸡粪、厩肥、圈肥等，配合多元复合肥。施肥原则为适氮，重磷、钾，避免施硝态氮肥。生长期追肥以营养诊断配方施肥做指导。

5.合理轮作、间作 草莓与水稻轮作是消灭病原的有效措施，旱作轮作以十字花科和豆科蔬菜为佳。草莓可与夏玉米和葱、蒜等间作，但草莓不能与有共生病害的作物轮作或间作。

6.采用高畦(垄)栽植 灌溉时可防止土壤水分过多，尤其在南方雨水多、地下水位高的地方。还应适当加大株行距，控制氮肥，使植株生长不过密，可减少病害发生。

7.控制传播扩散途径 外地引种一定要通过有关部门的检疫，种苗调运、农具、物品、包装材料，覆盖物和各种设施都要保持洁净；尽量减少出入棚室，操作人员的衣服、鞋要勤换，经常洗手。

8.加强植株管理 及时摘除老叶、病叶、黄叶和病残果，移至田外销毁，以减少再侵染，并有利于通风、透光和防病。

9.控制湿度 要小水勤浇，切勿漫灌，最好采用滴灌。土壤湿度大是高发病的重要因素。保护地栽培时，棚室内要注意通风，以降低棚内湿度。

10.清园和土壤消毒 采收要及时，防止果实过熟而腐烂。收获后要彻底清园，烧毁一切病残体。在 7～8 月份高温季节，栽植前，棚室内覆盖地膜或棚膜进行土壤太阳能高温消毒，时间至少 40 天。

(三)物理防治

1.诱杀 利用害虫对光、食物等有趋避性进行诱杀或驱赶。如用 100 cm 长、20 cm 宽的纸板上涂黄漆，上面涂一层机油，挂在行间，可诱杀蚜虫和白粉虱，当黄板上粘满害虫时，其上再涂一层机油。此法可有效控制温室内这两类害虫，每 667 m^2 挂 30～40 块。对斜纹夜蛾、舞毒蛾等害虫可用黑光灯诱杀。

2. 阻隔　在温室通风口处设防虫网或挂银灰色薄膜条，对蚜虫有阻隔或驱避作用。草莓栽植行覆盖乳白色或银灰色地膜可驱蚜虫。

3. 捕杀与诱杀结合　在害虫刚发生时，采用人工捕杀是经济有效的防治方法，特别是对棚室内虫体较大的幼虫。在栽植地挖沟，沟内放马粪和毒饵可诱杀蝼蛄，也可用糖醋诱杀甘蓝夜蛾和地老虎等害虫，然后人工集中消灭。其配方按酒、水、糖、醋为 1∶2∶3∶4 的比例，放入盆中，1 周更换 1 次。

4. 高温　把草莓苗在 35℃水中预热 10 min，再放入 45℃热水中浸泡 10 min，冷却后栽植，此法可防治草莓芽线虫。

（四）生态防治

有害生物与寄主对环境条件的要求存在一定差异，利用这种差异，创造一个有利于栽培作物的生长、而不利于有害生物发生的环境条件，从而达到减轻危害的目的，即生态防治。生态防治在保护地栽培应用较广泛，如在草莓开花和果实生长期，加大通风量，将棚内湿度降至 50%以下，可显著降低病害发生。将棚室的温度提到 35℃闷棚 2 h，然后通风降温，连续闷棚 2～3 次，可防治灰霉病。

（五）生物防治

运用有益生物防治果树病虫害的方法称为生物防治法。生物防治目前多用于控制虫害，其特点是不污染环境，不易破坏生态平衡，对人、畜和栽培作物安全，害虫也不会产生抗性，而且防治效果好。如设施栽培扣棚后，当白粉虱成虫每株在 0.2 头以下时，每天释放丽蚜小蜂成虫每株 3 只，共释放 3 次，可有效防治白粉虱为害。因此，保护和利用天敌，为田间害虫的天敌繁殖创造有利条件。害虫天敌分为捕食性天敌和寄生性天敌。以前者种类多，分布广。我国常见的昆虫天敌有如下几种。

1. 瓢虫　为鞘翅目瓢虫科昆虫。常见的有七星瓢虫、小红瓢虫和异色瓢虫。均捕食蚜虫及介壳虫，其食量很大，如异色瓢虫的1龄幼虫每天捕食桃蚜数量为10～30头，随着龄期增加，捕食量也增加，4龄幼虫为100～200头，成虫食量更大。而深点食螨瓢虫能捕食果树、蔬菜、花卉及林木等多种螨类的成虫、若虫和卵。它的成虫和幼虫发生时期长，世代重叠，食量大，对果树上的螨类有较好的控制作用。

2. 草蛉(草青蛉)　分布广，种类多，食性杂。我国常见的有10余种，其中主要是中华草蛉、大草蛉、丽草蛉等。草蛉的捕食范围包括蚜虫、叶蝉、介壳虫、蓟马、蛾蝶类和叶甲类的卵、幼虫以及螨类。中华草蛉，1年发生6代左右，据调查，在整个幼虫期的捕食量为：棉蚜513.7头，棉铃虫卵319.8粒，棉铃虫幼虫574.6头，棉红蜘蛛1 368.3头，斜纹夜蛾1龄幼虫559.8头，还有其他害虫的幼虫。由此可见中华草蛉控制害虫的重要作用。

3. 蜘蛛　其种类多，种群的数量大，寿命较长，小型蜘蛛半年以上，大型蜘蛛可达多年。蜘蛛抗逆性强，耐高温、低温和饥饿。为肉食性动物，专食活体，捕食时先用螯肢刺入活虫体内，注入毒液使之麻痹，然后取食。蜘蛛分结网和不结网两类，前者在地面土壤间隙做穴结网，捕食地面害虫；后者在地面游猎捕食地面和地下害虫，也可从树上、植株、水面或墙壁等处猎食。蜘蛛捕食害虫的种类多，有各种蚜虫、鳞翅目、直翅目、半翅目、鞘翅目等害虫的成虫，跳蛛科蜘蛛还捕食各类害虫的卵和幼虫。故蜘蛛已成为对为害草莓的许多害虫如蚜虫、花弄蝶、毛虫类、蝽、大青叶蝉、飞虱、斜纹夜蛾等的重要天敌。

4. 食蚜蝇　主要捕食果树蚜虫，也能捕食叶蝉、介壳虫、蛾蝶类害虫的卵和初龄幼虫。其成虫颇似蜜蜂，喜取食花粉和花蜜。黑带食蚜蝇是果园中较常见的一种，1年发生4～5代，以老龄幼虫、蛹或成虫越冬，雌成虫在蚜群中产卵，夏季卵期2～3天，幼虫及蛹期均为6～7天，幼虫孵化后即可捕食蚜虫，每头幼虫每天可捕食蚜虫120头左右，整个幼虫期可捕食840～1 500头蚜虫，秋季成虫产卵、孵化后也捕食蚜虫，以后入土越冬。

5. 赤眼蜂　为世界广泛使用的一种寄生蜂。寄生于鳞翅目、鞘翅目、膜翅目等昆虫的幼虫、蛹及卵中，每一雌蜂产卵数十枚，10 天左右完成全部发育过程。成虫产卵在寄主卵内，卵孵化后，在寄主卵内生活，直到化蛹羽化，咬破寄主卵壳而出，成虫羽化后即交尾产卵。

采用人工繁殖昆虫天敌，分批释放来防治害虫，生产上已应用。此外，如黑瘤姬蜂是毛虫类的寄生天敌，蚜茧蜂是蚜虫的天敌。害虫的其他天敌，还有蓝蝽、舞毒蛾、捕食螨、螳螂以及食虫鸟类等。

二、草莓病毒病及无害化防治

(一)草莓病毒病的种类

草莓病毒病严重影响草莓产量和品质。病株长势弱，果实小，品质差。草莓病毒种类很多，达数十种。经鉴定，我国草莓主要栽培区存在草莓斑驳病毒、草莓和性黄边病毒、草莓镶脉病毒和草莓皱缩病毒等 4 种病毒。

1. 草莓斑驳病毒　斑驳病毒在草莓病毒中分布最广，凡种植草莓的地区都有发生。斑驳病毒单独侵染栽培种草莓时无明显症状，但与镶脉病毒复合侵染，则使植株严重矮化。嫁接或用蚜虫接种到指示植物上，经过 22 天潜育期，在叶片上出现黄白色不规则的褪绿斑纹，小叶上出现斑纹后伴有轻度扭曲，植株矮化。此病毒除蚜虫传染外，还可通过嫁接和种子传染。主要传毒蚜虫为棉蚜和草莓长毛钉蚜。此病毒耐热性较弱，用 37～38℃恒温处理 10～14 天可脱除病毒。

2. 草莓和性黄边病毒　和性黄边病毒单独侵染栽培种草莓时无明显症状，仅致病株轻微矮化。但与其他病毒复合侵染，引起黄化或失绿，严重减产。与斑驳病毒复合侵染后，病株矮化，叶缘不规则上卷，叶脉下弯或全叶扭曲。在指示植物上，幼叶产生褪绿斑或条斑，然后形成坏死斑，致使整个叶片枯死，老叶提前变成红叶。由蚜虫和种子传染。此病毒耐热力强，用热治疗法很难脱除。

3. 草莓镶脉病毒　草莓镶脉病毒单独侵染栽培种草莓时无明显症状

状，仅致病株轻微矮化。但与斑驳病毒或和性黄边病毒复合侵染后，病株因叶脉皱缩而使叶片扭曲，同时沿叶脉形成黄白色或紫色病斑，叶柄上也有紫色病斑，植株极度矮化。在指示植物上，发病初期，小叶向背面反卷，叶脉及叶脉周围形成带状褪绿斑或坏死条斑。由蚜虫传染，多种蚜虫都可传染此病毒，其中以草莓长毛钉蚜、棉蚜和马铃薯长管蚜等传毒能力较强。此病毒耐热力极强，在37～38℃恒温下热处理6个月，也很难脱除。

4. 草莓皱缩病毒　皱缩病毒在草莓病毒中，对草莓生长和产量的影响最大。此病毒有致病力强弱不同的许多株系。强毒株系侵染感病栽培品种后，使植株矮化，叶片产生不规则的黄色斑点，叶片大小不等，扭曲变形。与斑驳病毒复合侵染后，病株严重矮化。与斑驳病毒和性黄边病毒三者复合侵染，为害更为严重，草莓产量大幅度下降甚至绝产。在指示植物上，其症状大体与在感病品种上的症状相似，所不同的是匍匐茎和叶柄均扭曲变形。由蚜虫传染，其中以钉蚜属（*Chaetosiphon*）的蚜虫传毒力最强。此病毒耐热力中等，37.5℃恒温处理50天可脱除病毒。

表7-2　草莓病毒在指示植物上的症状表现

	EMK	UC-5	UC-10	UC-11
草莓斑驳病毒（SMoV）	叶面有不规则小黄斑，叶稍皱，反卷，叶小，叶锯齿不规则，三小叶不对称	叶面有不规则小黄斑，叶稍皱，反卷，叶小，叶锯齿不规则，三小叶不对称		
草莓皱缩病毒（SCrV）	叶脉紫，叶皱，叶边稍黄，叶面有不规则小黄点	叶脉紫，叶稍皱，叶扭曲，反卷，叶脉间带状失绿	沿叶脉极皱，叶边黄，反转，不对称，叶面有不规则小黄斑	沿叶脉极皱，叶边黄，反转，不对称，叶面有不规则小黄斑

续表 7-2

	EMK	UC-5	UC-10	UC-11
草莓和性黄边病毒（SMYEV）	老叶变红，叶色淡，叶边稍黄，叶片上部稍皱，叶脉上有零星黄点	老叶变红，叶色稍淡，叶边稍黄，叶片上部稍皱，叶脉上有零星黄点	叶色稍淡，叶边黄，老叶变红	叶色稍淡，叶边黄，老叶变红
草莓镶脉病毒（SVBV）	叶脉带状失绿，叶柄很短，小叶反卷	叶脉带状失绿，叶柄很短，小叶反卷		

（二）草莓病毒病的发生特点

草莓病毒病，同其他许多无性繁殖植物的病毒病一样，病毒一旦传染到寄主植物上，就会随寄主的繁殖而扩展蔓延，不断地、越来越严重地影响植物的生长发育，降低产量和品质。但草莓病毒病的发生更为复杂，它涉及多方面的问题。对于该类病害的研究和防治，病毒检验和鉴定，以及确定其介体关系等，都需要特殊的方法。

大部分草莓病毒都具有潜伏侵染特性，在栽培草莓上很少产生明显的症状。通常病毒侵染后，只表现为生长减弱、植株矮化、产量下降和品质退化。草莓病毒还具有复合侵染特性，如果植株产生明显症状，则预示是几种病毒复合侵染的结果。草莓病毒在自然条件下以昆虫介体传播，在人工实验室条件下，则可通过嫁接传染。主要的草莓病毒都通过蚜虫传染，有的病毒通过叶蝉、线虫、菟丝子、汁液、种子等传染。

（三）草莓病毒病防治

防治草莓病毒病菌的主要途径是栽植无病毒苗、防治蚜虫和定期换种。

1. *培育无病毒母株*　培育无病毒母株，大量繁殖和栽培无病毒苗，是防治病毒病的根本措施；烟台草莓生产中，主要采用花药组培法培育无病毒母株，取得了明显的增产增益效果。无毒苗的使用应以2～3年更新一次为宜。

2. 防治蚜虫 因为蚜虫是病毒传播的主要媒介，因此及时有效地防治蚜虫是防治病毒病发生的最有效办法，特别是周围有老草莓园更应注意，以减少病毒的再侵染，延长无病毒苗的栽培年限。生产中发现病株应及时清除，减少侵染源。此外选择抗病品种也非常重要。

3. 土壤消毒 为防止病毒病发生，生产上对草莓连作地进行土壤消毒，效果很好，主要包括氯化苦熏蒸法和太阳能消毒法。

(1)氯化苦熏蒸法 草莓定植前，地温达到10℃以上时处理。25 cm×25 cm的间距，打1.5 cm深的孔穴。初次施用的土壤每穴2～2.5 mL；多次施用的土壤每穴4～5 mL。灌药后洞穴立即覆土，并用薄膜封地10～15天。去膜后翻地1～2次，让药剂充分发挥，15天后即可整地定植。氯化苦毒性高也应防止人畜中毒，目前生产上采用并不多。

(2)太阳能消毒法 在7～8月间将定植土壤混入有机肥后，深翻整平，气温达到35℃以上时，用透明薄膜封闭15～20天。这种太阳能高温处理法在我国丹东应用较多，经济实用，效果较好。

三、草莓病害及无害化防治

(一)灰霉病

草莓灰霉病又叫腐烂病，直接为害花器和果实，对产量和品质影响很大。是草莓栽培中，尤其是设施栽培中最严重的病害之一。

1. 症状 开花坐果时，先侵害小果，与湿土接触的果面先发病，然后沿果柄蔓延至花序，使整个花序干腐枯死。果实变白或着色时，发病果实初呈水渍状淡褐色斑块，后变暗褐色，导致组织软腐，香气和风味消失。在潮湿条件下，果面腐烂处覆盖一层灰霉，并传染健果。该病病原菌为灰霉菌，除侵害草莓外，还侵害茄子、黄瓜、莴苣等多种作物。

2. 发生规律　草莓灰霉病是一种真菌病害。病菌在被害植株上越冬，翌春条件适合时形成孢子，随风扩散蔓延。病菌发育的最适温度为20～25℃，最低4℃，最高30～32℃；分生孢子在13.7～29.5℃均能萌发，但以在较低温度时萌发有利。低温、高湿是病害流行的主导因素；栽植过密、偏施氮肥、植株生长过旺、园内光照不足、园地排水不良等，均适于病害发生。果实着色初期至中期抗病力最弱，最容易感病。另外，发病程度也与品种有关。

3. 防治方法

①选用抗病品种和优质壮苗，如我国选育的童子1号较抗灰霉病；优质壮苗具有较强的抗逆性和抗病性。

②种苗消毒，由于感染灰霉病的种苗上会携带有病菌，在选择种苗时就应选择无病种苗；万一带有病菌，则应进行种苗消毒。消毒的方法是在1 000倍的多菌灵药剂中种苗浸泡5 min，然后进行定植。

③早春及时清除枯枝枯叶，发病初期摘除感病花序，剔除病果，减少菌源；合理密植，平衡施肥，并适当控制浇水，防止植株旺长和园内湿度过大；采用塑料薄膜或柴草覆盖地面，避免果实直接接触潮湿土壤。

④药剂防治。从花序显露开始，选用200倍等量式波尔多液、50％代森锌500倍液、50％敌菌灵600倍液、75％百菌清600～800倍液、50％速克灵或70％甲基托布津800～1 000倍液、10％多氧霉素可湿性粉剂100～150 g/667 m^2 加水75 kg、50％扑海因可湿性粉剂100～135 g/667 m^2 加水75 kg等药剂，每隔7～10天喷一次，共喷3～4次。防治设施栽培草莓灰霉病，可采用抑菌灵熏蒸，每立方米空间用药0.1 g。

（二）白粉病

白粉病是草莓种植区普遍发生的一种病害。为害叶片、叶柄、花及幼果。

1. 症状　受害叶片初期产生红色到紫红色、无明显边缘的病斑，后多个病斑愈合成大斑，上生一层白粉状物，往往叶背面白粉较多。叶柄受害严重时可变红坏死。花受害后变褐色枯死。果实早期受害，病部变褐色、硬化，并提前成熟，但无经济价值。上述受害器官的病部表面都生有一层白粉状物体，这是病原菌的分生孢子。

2.病原及发生规律　草莓白粉病病原为粉孢菌(*Oidium* sp.)，属半知菌亚门。菌丝体表生，产生指状吸器深入寄主表皮细胞中吸取营养。分生孢子梗直立，丛生。分生孢子椭圆形，单细胞，无色，成串长在分生孢子梗上，极易脱落

草莓白粉病菌是以菌丝体在受侵染的组织内越冬，是一种活体寄生的真菌(专性寄生)，若病组织枯死，其表面上的菌丝体很快死亡，分生孢子寿命也不长。翌年春天环境条件适宜时，越冬的菌丝体产生新的分生孢子，通过气流传播对草莓进行初侵染和不断进行再侵染，使病情加重。白粉菌是耐干旱的真菌，潮湿天气虽对病害发生有利，但在干旱的天气，分生孢子还可萌发侵染，而多雨对其反而不利，因此草莓白粉病无论在露地栽培或在设施栽培的环境都可以发生。凡植株栽种过密，施氮肥过多，病害发生较严重。

3.防治方法

(1)选用抗病品种，培育无病苗。在生产实践中选择抗病品种进行栽培，扎在无病地块，用无病草莓母株繁殖生产苗。

(2)多施有机肥料。草莓喜富含有机质的微酸性沙壤土，一般每667 m^2 需施纯氮 13 kg，磷 13～17 kg，钾 13～17 kg，其中基肥占总量的 80%～90%，因此要施足基肥(具体肥料用量可根据不同肥料种类进行测算，追肥则以复合肥为主)，以提高植株抗病能力，在生长期也可以选择使用一些叶面肥，防止植株早衰。

(3)化学防治。发病初期，应摘除病叶、老叶、病果(棚外深埋)，喷洒农药进行防治。药剂可选用 40%福星乳油 6 000～8 000 倍液，15%粉锈宁可湿性粉剂 1 000～1 500 倍液，62.25%仙生混合可湿性粉剂 600 倍液，50%硫磺悬浮剂 250～300 倍液，40%多硫悬浮剂 500～600 倍液，亦可将 40%福星乳油 6 000～8 000 倍液与 50%硫磺悬浮剂 250～300 倍液或 50%多菌灵可湿性粉剂 500 倍液混合喷洒。上述药

剂一般应交替使用，尤其是福星乳油不可连续使用，以延缓抗药性的产生。两次施药时间一般间隔 7～10 天。由于草莓较耐低温，生长期需经常通风，病菌孢子随风飘荡，所以应联合防治。周围大棚应一起喷药，不给病菌生存留出空间和时间差，防治才能收到较好的效果。

(三)炭疽病

炭疽病原菌为 *Colletotrichnm frdgariae*，病菌在致病的茎中、根茎上过冬，主要由雨水、人为传播，发病适温 28～32℃，属高温型土传病害。

1. 为害症状　该病主要为害匍匐茎与叶柄、叶片、托叶，花、果实也可感染。发病初期病斑水渍状呈纺锤形或椭圆形，3～7 mm 大小，后期病斑为黑色或中央褐色，边缘红棕色，叶柄、匍匐茎上的病斑相对规则整齐，很易识别，以后病斑扩展成环行圈而使匍匐茎、叶片萎蔫枯死。湿度高时，病部可见鲑肉色脐状物(分生孢子堆)，该病除引起局部病斑外，还易导致感病品种，尤其是整株萎蔫，当病情加剧时，育苗田会很快蔓延造成大量子苗枯死，大田则会全株枯萎致死，造成断垄。此时若切断根基部，可见横切面上自外向内发生褐变，但维管束未变色。

2. 发病规律　一般发病盛期为两个阶段，即 7～11 月份的繁苗期和定植后 30 天及来年的 4～5 月份。其发病规律为：

①不同栽培方式发病不同：大棚促成栽培发病重于大棚半促成栽培；促成栽培重于露地栽培。

②品种抗性不同，其抗病性依次为宝交早生、丰香、女峰、丽红。

③不同的定植时间其发病程度也不同，定植期越早，发病越重，如在上海地区 8 月底定植植株发病早，重于 9 月上旬定植；9 月中旬定植株，发病早，重于 9 月下旬定植，10 月份定植年内基本不发病。

④连茬种植时间越长发病越重。

⑤大田发病轻重与早晚，同苗田炭疽病的发生轻重有直接关系。

⑥苗田选择不当，病害加重，如选择连茬草莓大田作繁苗田会加重病害发生。

⑦种苗来源于发病田，繁苗田发病将会严重发病。

⑧管理不当，忽旱忽涝，排灌不畅，不及时剥除老黄病叶，繁苗密度过高，高温季节不注意遮阳降温，浇水抗旱，不注意掌握凉时、凉地、凉水等都会导致病害的发生或加重。

3. 防治方法　药剂防治选用40%福星8 000倍液或50%多菌灵600倍液或2%农抗120水剂200倍液；也可用40%百可得1 000倍液或25%阿米西达悬浮剂防治。

(四)芽枯病(立枯病)

1. 症状　幼芽呈青枯状萎蔫，枯死芽呈黑褐色。花蕾从小花柄基部开始变褐，最终枯死。叶片失去生机，萎蔫下垂。新展开叶小型化，叶柄带有红色，从叶柄基部发生褐变，不久枯死。

2. 发病规律　芽枯病由立枯丝核菌侵染所致。发病适温22～25℃，多湿多肥条件下发病较重。保护地栽培中，棚内高温高湿更易发病，种植密度过大，老叶过多，栽植过深，侧芽过多的情况下最易感病。

3. 防治方法　栽植时不宜过深，密度合理，灌水不宜过多，特别是不能淹苗；设施栽培应注意棚内降湿，对病株应及时拔除；发病严重时应进行药剂防治，喷多抗霉素1 000倍液3～5次，或用敌菌丹800倍液5次左右，每次喷药间隔期7天左右。

(五)草莓轮斑病

1. 症状及病因　草莓轮斑病是一种普通的主要为害草莓叶片的病害，草莓轮斑病病菌属于半知菌草莓大斑点霉菌，其真菌病原体能侵害草莓地上植株体的大部分，包括叶片、匍匐茎、叶柄和果实，果实侵染不常见。早期症状为小叶上紫红色的圆形小斑点，随着病情发展，小斑点沿着主脉扩大成V形或圆形侵蚀斑，直到叶缘，病斑边缘紫红色，中央黄至灰褐色，多有较明显的轮纹，其上密生黄褐至黑褐色小斑点。后期侵蚀发展到叶片1/4～1/2大小，造成叶片枯死。这种叶片症状通常直到接近收摘果实时才被发现，较严重的病株产量不高，并且植株不耐冻，易受冬季寒冷损害。草莓轮斑病病菌随病残叶体在土壤中越冬，越冬病菌产生分生孢子进行初侵染，随气流、雨水、农事操作传播，进行多次侵染，使病害扩大蔓延。

最近美国俄亥俄州立大学的研究人员发现，草莓轮斑病的侵染与空气温度、叶片湿度和叶龄有关。病害发生率和严重程度与叶龄（叶子生长时期）有很大关系，新叶时期极易受侵染，其次是叶片湿度大时也很易受侵染，特别是整株淹没灌溉和潮湿多雨期，这种时期越长，染病率越高。而相对于叶片湿度及叶龄来说，温度与病害发生率及病害严重程度的关系还是较小的。

2.防治措施

（1）农业防治　长新叶时期密切观察，及时发现和控制病情，及时清除销毁病叶；培育无病种苗；收获后及时清洁田园，将病残体集中于田外烧毁埋葬，消灭越冬病菌；选育优良抗病品种，如章姬、全明星等。

（2）药剂防治　长新叶时期使用适量的杀菌剂预防；用50%多菌灵可湿性粉剂500倍液，在移栽前浸苗10～20 min，晒干后移植；发病初期用80%大生600倍液或50%扑海因可湿性粉剂600～800倍液或70%甲基托布津可湿性粉剂500倍液喷雾防治。设施可用5%百菌清粉尘剂每667 $m^2$1 kg喷粉防治。

四、草莓生理病害及无害化防治

（一）草莓果实白化病

成熟期浆果呈白色或淡黄白色，或者查面有一部分明显白化，其界线非常清楚。白化病的浆果通常大小正常，但没有颜色，果软、味淡、外观差，并且很快腐烂。果实内部呈杂色，粉红色和白色。浆果表皮的种子被红色环绕，红色以外呈现白色果肉。白化病几乎所有品种都可发生，一般来说，欧美品种比日本品种更易感染，可溶性固形物含量高的品种发生较少。其病因与病原菌无关，而是因氮肥过多，植株生长失调,果实着色期光照不足,气候冷凉,糖分低等原因引起。

(二)草莓生理性叶烧

一般在成龄叶片上发生,轻时在叶缘锯齿部位出现茶褐色干枯,严重时叶片大半枯死,枯死斑色泽均匀,表面干净。在高温干旱时病情加重,雨后或灌溉使病情缓解。病因是春夏干旱高温,叶片失水过多,或施肥过量,土壤溶液浓度过高,导致根系吸水困难造成。

(三)草莓帚状乱形果

第一花序的花由伞状集合成扫帚状,在顶端产生鸡冠形果,大部分是双果,也有多头果。产生原因是在生长点花芽分化时,同时有两朵以上的花开始分化,另外,花芽分化时的营养处于氮多硼少状态,缺硼会使花器细胞分裂失调,花芽畸形,形成大而扁的花蕾,现蕾时伸出2～3枝花梗同时开花,从而形成鸡冠形果,双头果或多头果。施肥后及时浇水,防止伤根,以利于硼素吸收。

(四)草莓缺钙症

典型症状是出现叶焦病,表现为老叶皱缩,出现皱纹,叶片顶端变成黑色,不能充分展开,顶端干枯部位有淡绿色或黄色界限,叶片褪绿。果梗、根尖生长受阻。缺钙症多在现蕾期发生,土壤干燥容易发生。定植前按每667 m^2 增施石膏35～70 kg。也可在出现症状初期,叶面喷施0.3%氯化钙水溶液。

草莓其他生理病害或缺素症还有:草莓心叶日灼病、雌蕊退化症、畸形果、冻害和缺锰症等。

(五)草莓重茬病

草莓在同一地块长期连作,往往会造成病虫害的滋生和蔓延。土壤有机质含量下降,浅层单一盐分的浓度障碍加重,使草莓的生长潜力逐年下降。近几年,科研工作者对草莓的重茬病因及防治措施进行了多年的研究，总结如下。

1. 草莓重茬病因

（1）病原微生物的积累　在同一块地连续栽种草莓多年，导致土壤微生物群落发生很大变化，线虫和病原菌大量增殖，病虫害发生严重。草莓黄萎病和枯萎病病菌存活在土壤中，由植株根部机械损伤处侵入根中，开花结实期地温升高，病菌繁殖蔓延较快，叶片变小，叶柄变短，长势衰弱，植株矮化，须根变成黑褐色而腐烂，最后全株枯死。

（2）养分平衡失调　草莓多年重茬后，浅层土有害盐类积累加重，土壤的理化性质恶化，由于连年栽植草莓，土壤中草莓所需养分逐年减少，草莓根际周围的养分平衡失调使养分缺乏而减产。

（3）根系分泌物积累　草莓根系在正常的生理代谢过程中，常分泌出一些对自身有害的物质，草莓连作使有害物质逐年积累，致使草莓生长受阻，发育不良。

2. 防治措施

（1）改连作为轮作制　提倡一年一栽制，一年一倒茬，草莓与其他农作物实行合理的轮换倒茬栽培，是目前解决重茬减产的一种有效办法。但在耕地少且以种草莓为支柱的产区实行起来有些困难。

（2）换表层土　在前茬种草莓的大棚内，把 30 cm 厚的表土挖出，全部换上无病菌的新土，对于克服草莓重茬病效果较好，但这种方法较为费工。

（3）增施有机肥　草莓采收完毕后，大量增施有机肥和锯木屑，并进行深耕，对于改良土壤理化性质，提高土壤肥力效果较好。

（4）后茬栽种禾本科作物　在草莓采收结束后，栽种一些玉米、高粱和水稻等禾本科作物，然后割青，将其秸秆压入土中做绿肥。此法不仅可以减轻病害，而且可以培肥土壤，提高土壤有机质含量，改良土壤结构和质地。研究表明，7 月中旬左右青高粱长至 1 m 高时，青割后翻入土中，高粱秸中的化学成分不但能激活镰刀菌的分生孢子，而且还可杀死它们。栽种水稻对于克服草莓重茬效果良好，这是因为水旱轮作改变了土壤微生物的环境，可有效抑制病虫害的发生；另外，水分还可以淋洗一部分有害盐分和根系分泌物。

(5)太阳能高温消毒　在7～8月份全年太阳能辐射能量最大，气温最高的时期进行太阳能消毒处理。为了提高土壤有机质，提高消毒效果，可以每667 m^2 增施2 000 kg有机肥，70 kg石灰氮，撒匀后翻入土中，然后南北起垄，垄宽60～70 cm，高30 cm，灌透水并保持垄沟中有较多积水后，再用白色旧地膜覆盖，密闭大棚一个月。高温月份，大棚内气温高达60～70℃，地表下40 cm处土温可升到50～60℃，通过1个月的高温期足以杀死大部分病原菌。石灰氮(氢氧化钙)既是施入的氮肥，还有较强的锄草、杀菌能力。这是一种简单易行、效果较好克服重茬病的措施。

(6)药剂熏蒸　目前经常使用的土壤熏蒸剂有4～5种，其中包括熏蒸剂氯化苦(三氯硝基甲烷)，溴化钾基熏蒸剂，油剂敌线酯(氰土灵)和颗粒剂棉隆(二甲基嗪)。在使用土壤消毒剂时必须注意，同一种毒剂不能长期使用，否则会使病虫产生抗性，使消毒效果大大降低。目前土壤消毒剂使用较多的是氯化苦，其施用方法是，挖深度为2 cm的穴，穴与穴之间距为2.5 cm，每穴灌药2～3 mL，灌药后立即封土，并用塑料薄膜覆盖封闭地面，1周后揭去地膜，并翻地，半月后再种草莓，消毒效果好。

五、草莓虫害及无害化防治

(一)蚜虫

1.形态特征与被害状　危害草莓的蚜虫主要有桃蚜、棉蚜、长毛钉蚜等。蚜虫全年均可发生，温室草莓扣棚后由于温度较高，蚜虫发生较多。多在幼叶片、叶柄、叶的背面吸食汁液，蜜露污染叶片和果实，并使叶弯曲变形。蚜虫不仅自身造成危害，更重要的是它可以引起草莓病毒病的发生，是草莓病毒的主要传播媒介，因此必须严加防治。

2.发生规律　蚜虫在河北、北京地区一年可发生10代以上，一般在25℃左右的条件下，7天可完成1代。在温室条件下，1年发生20代以上，并不断危害。

3.防治方法　及时清除老叶、枯叶及杂草；保护天敌，利用天敌；采用药剂防治，采用药剂防治要注意防止污染果实，药剂可用2.5％溴氰菊酯3 000～5 000倍液，或20％杀灭菊酯4 000倍液等。

(二)红蜘蛛

1.形态特征与被害状　目前生产上为害草莓的红蜘蛛有多种，常见的有二斑叶螨等。红蜘蛛体形很小，喜欢在幼叶上或叶背面吸取汁液。高温下加速繁殖，猖獗为害。受害叶片呈红褐色，卷缩干枯，植株生长发育显著受阻。特别是二斑叶螨，食谱广泛，抗药力强，为害性极大，必须引起高度重视。

2.发生规律　红蜘蛛1年可发生10代以上，喜高温干燥条件，温室、大棚草莓在后期发生较重，气温回升，放风口打开后，湿度降低有利于红蜘蛛发生，低温高湿条件下很少发生。主要靠风雨、种苗及田间使用工具或人为传播。

3.防治方法　及时清除老叶、枯叶及杂草；保护天敌，利用天敌；春季花序显露时，喷0.3°Be石硫合剂；果实采收后，若仍有发生，可喷杀螨剂，如25％三唑锡1 000～1 300倍液等。

(三)草莓芽线虫

1.形态特征与被害状　寄生草莓芽上的线虫主要是草莓线虫和草莓芽线虫，一般都成为草莓芽线虫。体长0.6～0.9 mm，体宽0.2 mm左右。受害植株受害轻时，新叶歪曲畸形，叶色变浓，光泽增加，严重时植株萎蔫，芽和叶片变成黄色或红色，可见到称为“草莓红芽”的病状。受线虫危害的植株，芽的数量明显增多。为害花芽时，花蕾、萼片、花瓣变成畸形，严重时花芽退化、消失，明显减产。

2.发生规律　芽线虫主要靠母株发生的匍匐茎进行传播，被害株发生的匍匐茎上几乎都有线虫，从而传给子苗。雨水和灌水均可促使线虫传播。检查是否是线虫最简单的方法是将病芽部位切成 2 mm 大小的碎片，放在水碗中，20 min 后线虫可浮出水面，如水面有漂浮物出现，即可认定为线虫。

3. 防治方法　首先应实行轮作，深翻倒茬，发现病株及时拔除，花芽分化开始前用敌百虫 500～600 倍液，每隔 7 天喷 1 次，喷 3～4 次，芽部一定要喷到。栽前用热水处理草莓苗，先放在 35℃的热水里处理 10 min，后放在 45℃左右药水中浸泡 10 min，处理后冷却栽植。另外，也可采用土壤消毒法进行防治。

（四）地下害虫

主要有蛴螬、蝼蛄和地老虎，除为害草莓的新根和新茎外，还为害草莓的果实。

防治方法：地膜覆盖，可减轻浆果受害，并可阻碍产卵；人工捕杀，发现有萎蔫的苗子时，可在附近挖出地老虎或蛴螬并踩死；喷药防治，于成虫发生期，喷 50%敌敌畏 1 000 倍液，或 50%辛硫磷 1 000 倍液，或 90%晶体敌百虫 1 000 倍液，或 50%杀螟松 1 000 倍液等；灯光诱杀，于成虫发生期，在其产卵之前进行。

提示问答

1. 草莓病虫无害化的防治原则是什么？
2. 如何进行农业和物理防治？
3. 草莓主要病害包括哪些，如何防治？
4. 草莓主要虫害包括哪些，如何防治？

无公害农产品

第八章

草莓产后无公害处理技术

阅读指南 本章主要介绍了草莓产后无公害处理技术，包括正确进行果实采收、果实预冷及包装和运输方法；介绍了常温保鲜、气调贮藏、低温贮藏、药物保鲜方法、辐射贮藏和离子电渗法等贮藏保鲜技术；另外还介绍了草莓速冻技术及草莓常见加工品的加工技术。

一、果实采收及采后处理

(一)采收

草莓成熟期因栽培方式、气温变化和品种不同而有差异。在成熟过程中，受光面的果实最先着色，果面由绿逐渐变白，最后成为橙红色至深红色，并具光泽，种子也由绿色转为黄色或白色。全明星等硬肉型品种则果顶先着色，随后果梗也着色，而丰香则在完全成熟时，果梗仍为白色。随着果实成熟，浆果由硬变软，并散发出草莓特有香味。如采收过早(低于果面着色度 70%)，果实营养积累少，汁液少，香气差，外观差，品质低；而采收晚（高于果面着色度90%），则果实易腐烂。一般来说，鲜食果就地销售宜在85%～90%着色时采收，外运时可七八成熟时采摘，就地加工用果实可九成熟时采收。

草莓花序的花朵陆续开放，花期长，草莓果实也是陆续成熟，采收期延续长，因此必须分期采收。一般每隔1～2天采收一次，盛果期应每天采1次。采收时间宜在清晨露水干后或近傍晚进行，要避开高温时段，因高温时果梗变软，采摘费工，也易碰伤果皮，且易腐烂。采收时要轻摘轻放，用大拇指甲和食指甲把柄掐断，采下的浆果应带有部分果柄，又不损伤花萼，切忌硬拉，避免拉下果序和碰伤果皮。每次采摘要把适度成熟果全部采净。

为了减少浆果破损，采收时可采用边采收、边分级的方法，这样采后就不必更换容器。果实分级目前尚无国家法定标准，但草莓主产区都有各自的标准，一般按重量大小分4级：单果重6～10 g为三级，10～15 g为二级，15～20 g为一级，20 g以上为特级，6 g以下为无效果。河北省满城县草莓生产基地按固定大小的塑料包装盒（120 mm×75 mm×25 mm，可装果约150 g）的装果个数来定级，每盒装6～8个为一级，装果13个以上为三级。但分级标准对大果型品种要求更严格，一级果单重须达到25 g。设施栽培早期果均较大，分级标准也高，商品档次也较高。

（二）果实预冷

采收的新鲜草莓在贮藏、加工或运输之前，要迅速进行预冷，以减少果实的腐烂，特别是露地草莓正值夏季采收，高温的危害更大，采后必须立即散热，除去田间热。这样才能保护果实的新鲜度和品质。

预冷方法有多种，最简单的是自然冷却，即将果实放在阴凉通风处，让其自然散热。但冷却的时间较长，还受环境条件影响。所以，还应采用人工预冷。其方法是：将果实放在冷库中降温冷却。当制冷量大且空气以1～2 m/s的流速在库内和容器间循环时，冷却效果最好。冷却的最终温度宜在0℃左右，须注意的是堆码包装容器之间应留有空隙，以使气流通过。现在有的冷库设有强力风扇的预冷间。冷库空气冷却时，相对湿度应保持在95%以上。如果采用机械制冷和加大气流量，可以加快冷却速度。0.5℃的冷空气在75 min内可以将24℃的草莓果实冷却到4℃，预冷后的果实要在0～1℃温度下及时进行贮藏和运输，若仍在常温下贮藏运输，反会加速腐烂变质。

（三）包装及运输

为了提高工作效率，可边采收边分级包装。目前我国尚无鲜销草莓的统一的分级标准，生产经营中只是粗略的将果实按大小分级。草莓的包装宜采用小包装。可选用塑料透明食品盒，每盒装草莓250～500 g，盒内草莓按一定顺序、一定大小和方向整齐地摆放，不宜装的太满，顶部留出1 cm的空隙，装果后加盖。然后再把这些透明塑料盒装入较大的塑料箱或纸箱，进行运输，这样能保证果品外观，便于销售和短时间贮存。小包装也可用手提式小硬纸盒，将草莓果实直接装入分格的硬纸箱内，效果也很好。

草莓采收后，要放在凉棚下或贮藏室内预冷散热，然后分级过秤运输。最好采用小包装装入塑料箱运输。运输要有冷藏车或带篷布的卡车，途中不能日晒，行驶速度要慢，减少颠簸。

二、贮藏保鲜

草莓水分含量高，组织娇嫩，易受机械损伤和微生物感染而导致腐烂变质。在常温下，草莓果实存放1～3天就变色变味，失去原有的风味和商品价值，如果使用适当的贮藏技术，草莓可保存2个月以上而新鲜度不变。

（一）常温保鲜

1. 壳聚糖保鲜　无病、无机械伤的草莓果于壳聚糖涂膜液中浸泡20 s后，取出自然风干，装入带有孔眼的塑料筐中，果实堆积厚度6～

8 cm，于室温（25～30℃）下贮存，前三天保持湿度90%以上，3天后维持自然湿度（60%～70%），贮存5天，好果率达85.2%。壳聚糖涂膜液配方：1.25%壳聚糖，1.25%酒石酸，0.5%纤维素。

2. 溶菌酶处理　据日本最近报道，草莓果实用1 U溶菌酶处理，可以延长果实的货架寿命，在常温下能完好地保存3天。

3. 塑料薄膜包装　先将果实盛在小容器内，不要堆得太厚，以免互相挤压，外罩聚乙烯塑料薄膜以减少蒸发，降低失重。采用此种处理，可明显延长草莓贮藏期。

4. 脱水醋酸处理　灰霉病是导致草莓腐烂的主要原因，脱水醋酸是一种广谱性的食品防腐剂，能有效抑制霉菌、酵母和细菌的生长。将刚采摘的草莓浸到0.25%～0.5%的脱水醋酸溶液中30 s，可明显延长其贮藏期。

5. 植酸浸果保鲜　植酸化学名称为肌醇六磷酸钙镁，它具有络合金属离子，抗氧化剂及降低pH值的作用，如果与其他防腐剂配合使用，其保鲜显著。如0.1%～0.15%植酸溶液＋0.5%山梨酸＋0.10%过氧乙酸浸果，在室温下草莓可保鲜6～8天。

（二）气调贮藏

1. 贮前处理　选择比较耐贮藏的品种，采收后要剔除病虫果和机械损伤果。选出的草莓果实，用3%～5%的氯化钙溶液浸泡5 min，抑制草莓软化。浸泡后装入90 cm×60 cm×15 cm的盘中，装满后送入预冷车间预冷。通过预冷迅速排除草莓所带的田间热，同时还可使呼吸强度降低，从而延长果实的贮藏期。

2. 贮藏方法及管理　贮藏用的薄膜袋是由聚乙烯薄膜加硅橡胶窗制成。其规格为95 cm×65 cm×20 cm，上面设硅窗和1个调气孔，硅窗的面积一般为0.3～0.5 m^2/t（产品）。

预冷后的草莓连盘装入制好的薄膜袋中，同时装入1片乙烯吸附剂，然后密封，放在温度0～0.5℃，相对湿度85%～95%的环境中贮藏。贮藏草莓适宜的气调指标：O_2为3%、CO_2为3%～6%，N为

91%～94%。在刚密封的贮藏袋中内 CO_2 浓度与外界基本相同，此时要尽快提高贮藏空间内的 CO_2 浓度，降低 O_2 浓度，使气体成分接近气调制指标，所以要关闭硅窗和调气孔。由于果实的呼吸作用，袋内的 O_2 逐渐被消耗，CO_2 逐渐增加，当 CO_2 增加到要求指标 6%时，要开启硅窗，使多余的 CO_2 通过硅窗排出。由于硅橡胶的选择透气性作用，透入 O_2 的量会小于果实呼吸消耗的 O_2 量，于是袋内 O_2 浓度会继续下降。当 O_2 浓度下降到低于气调指标 3%时，就要打开通气孔补充 O_2，以建立和维持适宜的气调状态。

3. 注意事项

(1)草莓在气调贮藏过程中，应始终保持 0～0.5℃恒定低温，尽量减小温度波动。否则会提高草莓的呼吸强度，刺激乙烯的产生，从而缩短贮藏寿命。

(2)草莓的冰点为－0.77℃。草莓属水分蒸发与温度无关型的果实，即使在冰点的条件下，无包装时水分蒸发亦很剧烈。所以，为防止水分蒸发，减少果实失重，保持果实的新鲜度，可用塑料袋包装来提高周围环境的相对湿度，尽量减少空气流动。

(3)草莓衰老变质的主要内因是生成脱落酸和乙烯。而 CO_2 和赤霉素对这两种物质有明显的抑制作用。所以，通过气调贮藏来提高 CO_2 的浓度，即可明显地延长贮藏寿命。另外，于贮藏环境中放入乙烯吸附剂，也可明显地延缓果实衰老。

(三)低温贮藏

草莓采后果实容易腐烂，主要原因是感染灰霉病、炭疽病等病害引起。已被侵染的果实，在采后 1～2 天内可能不表现出明显症状。但病菌的生长速度和产生孢子的数量是随温度的增高而加快。例如，炭疽病的病原菌，在 0～10℃，几乎不能产生新的孢子，但在 20℃时，48 h 内，草莓即可全部腐烂。草莓采后进行预冷后，果这不经清洗，装入容器内，用薄膜盖好，置于 0～2℃的低温环境中，如冰箱、冷库，可保存 10～14 天。草莓的冰点为－0.77℃，草莓果实的水分蒸发与温度无关，即使在近冰点条件下，无包装时，水分蒸发仍很剧烈。为防止水分蒸发，保持果实的新鲜度，应采用塑料包装，以提高环境的相对湿度，尽量减少空气流动。

（四）药物保鲜方法

①酸-糖保鲜：草莓果实用亚硫酸钠（Na_2SO_3）溶液浸渍后，晾干。在一容器底部放入由9份砂糖1份柠檬组成的混合物，再将草莓放在其上保存，可显著延长贮藏寿命。

②二氧化硫处理：把草莓放入塑料盒中，分别放入1～2袋二氧化硫慢性释放剂，用封条将塑料盒密封、慢性二氧化硫释放剂应该与果实保持一定距离。因为该药剂有还原、褪色作用，与果实接触会使果实漂白、变软，失去食用价值和商品价值，但果实并不长霉。

③赤霉素和二氧化碳保鲜：中国科学院上海植物生理研究所的研究表明，脱落酸和乙烯是草莓衰老变质的主要内在因子，赤霉素和二氧化碳对上述物质有显著的抑制效应而具有保鲜作用。他们研制出了草莓保鲜剂洗果、薄膜包装、充二氧化碳等并在低温下贮藏的技术，贮藏3～9周，好果率达80%以上，外观正常。

④过氧乙酸熏蒸处理：按每立方米库容用0.2 g过氧乙酸的量熏蒸30 min。

⑤0.05%山梨酸浸果2～3 min。

⑥植酸保持果品品质：植酸化学名称叫肌醇六磷酸钙镁，是优良的食品抗氧化剂，本身的防腐效果不明显，要求与其他防腐剂配合应用，起保持果品质量的作用。使用时，与山梨酸、过氧乙酸一起配成，具体浓度：0.1%～0.15%植酸溶液、0.05%～0.1%山梨酸和0.1%过氧乙酸。

（五）辐射贮藏

离子辐射保藏食品技术已受到国内外广泛重视。辐射贮藏法是利用同位素钴-60放出的γ射线辐照草莓浆果。用15万～20万 rad剂量的γ射线辐照的浆果，无论在室温或冷藏条件下，贮藏期都比未处理的延长2～3倍。国内有报道，用20万rad γ射线照射草莓，在0～1℃下冷藏，贮藏期可达40天。引起草莓果实腐败的病原体一般为灰霉、根霉、毛霉和疫霉。用20万rad剂量辐照可显著降低草莓果实的霉菌数量，约减少90%，并消灭其他革兰氏阴性杆菌。试验表明，辐照对草莓营养成分无影响。不同草莓品种对辐照的效果有差异。辐照前进行湿热加热处理(41～50℃，因品种而异)，效果更好，辐照以15万rad剂量较适宜。

(六)离子电渗法

将草莓放入电渗槽的电渗液(1%氯化钙加0.2%亚硫酸钠)中，用110V电压、50 mA电流进行电渗处理1.5 h，捞出，用水冲洗，沥干后装入聚乙烯薄膜袋中封口，在4 ℃低温贮藏，相对湿度为92%～95%。电渗后使果实中钙浓度增加，可稳定生物膜的结构，降低通透性，防止组织酸解。亚硫酸钠分解产生二氧化碳，不仅有防腐作用，还可抑制果实中多酚氧化酸活性，可抑制果实褐变。经离子电渗法处理的草莓，贮藏30天的腐果率低于5%，浆果品质也保持较好。据国内试验，宝交早生草莓密闭在真空干燥器内，充入钢瓶二氧化碳，浓度10%，在0℃下贮藏20天的好果率和商品率均达到94%，这为草莓运输和短期贮藏开辟了新的途径。

三、速冻技术

速冻就是利用－25℃以下的低温，使果实在短暂的时间内急速冻起来，从而达到保鲜之目的。草莓适合速冻保鲜贮藏。草莓速冻后可以保持原有的色、香、味，既便于长期贮藏，又可远销；既可作冷食供应，又可作加工原料。近年来我国的速冻草莓已出口到日本及东南亚一些国家，草莓的速冻日益引起重视。

(一)速冻保鲜原理

速冻就是利用－25℃以下的低温,使草莓在极短的时间内迅速冻结,从而达到冻藏保鲜的目的。速冻工艺简单,是保存食品的一种科学方法。速冻保鲜的原理是:快速冻结使浆果组织中形成的小冰晶在细胞内和细胞间隙中均匀分布,细胞不受伤或破坏,保持完整。草莓汁液形成冰晶后,抑制了沾污在浆果上的细菌、霉菌等微生物的生命活动。低温抑制了浆果内酶的活动。

(二)原料选择

品种不同对速冻的适应性不同,因此,必须选择速冻性能较好的品种。即要求果肉致密,品质优良,可溶性固形物含量较高,速冻后能保持果形,营养损失较少。宝交早生、春香、戈雷拉等品种速冻效果都较好。

速冻草莓必须保证原料新鲜,采摘后当天尽快处理,以免浆果腐烂。当天处理不完,应放在0～5℃的冷藏库内暂时保存。远距离运输时需用冷藏车。

速冻草莓果实的大小,以5～12 g为宜。一级序果往往过大,可用作鲜食上市,之后采收的中等大小浆果可用作速冻。另外,要求果形完整,无病虫害和其他损伤。

(三)速冻工艺流程

选果→除萼→洗果→消毒→淋洗→控水→摆盘→速冻→冷藏。

1. 选果　按照速冻对原料质量的要求,选择成熟度适中、大小均匀适宜、果形完整无损的新鲜浆果。对病虫果、畸形果、未熟果等均应捡出。

2. 除萼　人工将果柄、萼片摘除干净。除萼时易带果肉的品种,可用小刀削除。注意不要残留果柄和花萼,也不要把果肉削去,保持果实完整和果面平整。

3. 洗果　将果实倒入有排水口的水池中，放水冲洗。可用圆木轻轻搅动，但木棒不要伸至池底，以免将下沉的泥沙杂物搅起。冲洗 10 min 左右，将泥水由排水管排除。然后可再冲洗一次，洗净为止。

4. 消毒、淋洗　用浓度为 0.02%～0.05%高锰酸钾水溶液浸洗 4～5 min，然后用水淋洗 1～2 次。

5. 控水、摆盘　将果实表面的水分控干，或用吹风机吹干，以免冷冻时果实相互粘连。将果实摆放在盘子里，如需要冻结成块状，一定要摆放平整紧实。有的在速冻前还按果重的 20%～25%加入白糖。

6. 速冻　摆好盘后立即送入速冻间，温度宜保持在－25℃或更低，直到果心温度达－18～－15℃。盘不重叠，果心经 4～6 h 即可冻结并达所要求的低温。若盘堆叠过厚，经 12 h 以上果心也不易冻结。冷冻速度越快，果实品质保存越好。因此，为保证冻品质量，盘不宜重叠放置。

7. 包装　将速冻后的草莓连盘拿到冷却间(0～5℃)，呈块状的将整块从盘中倒出，装入备好的塑料袋中。要求呈粒状的，将个别冻结呈小块的逐个分开，然后根据包装大小，再次称重装入塑料袋中，用封口机密封。根据需要采用不同的包装，若用于鲜销，可采用小包装，每盒或袋可装 0.5～1 kg。若用于远销或加工原料，每盒或袋可装 7.5 kg，每箱装 2 盒或 2 袋。

8. 冷藏　包装好的速冻草莓，立即送入冷藏库贮藏。冷库温度保持在－18℃条件下，可保持 12～18 个月而不失草莓原有风味。

(四)解冻

速冻草莓应在食用前解冻。因为未解冻的草莓食用时果肉坚硬，只有冰冻感觉，品尝不出香甜味道；过早解冻又会使浆果流汁软塌，食而无味，甚至造成腐败变质。只有解冻程度适宜，食用时才能感觉凉爽柔软，香甜可口。解冻方法是将冻品放入容器，再把容器置于温水中，解冻后立即食用；不能解冻后又重新冷冻，或解冻后放置时间太长。

北京市林果所把装入聚乙烯袋中轻扎口的冰冻草莓与装入聚丙烯

尼龙袋中用真空包装机封口的冰冻草莓的融化方法作比较，结果证明，真空包装显著提高可滴定酸和有机酸含量，保存较多的维生素 C；在室温和 5℃融化期间可能会发生多糖降解和蔗糖水解。因此，采用真空包装法，缩短冷冻草莓果实的融化时间（如微波瞬时融化），或者缩短由融化到食用的时间，都有助于保持速冻草莓的原有品质和风味。

四、加工技术

（一）草莓酱

1. 工艺流程 原料选择→浸泡清洗→去除果蒂→挑选→配料→软化→浓缩→装罐→密封→杀菌→冷却→成品。

2. 技术要点

（1）原料选择 原料可选用果胶和果酸含量较高的品种，要求成熟度在 9 成熟或偏上的果实；果实新鲜，着色均匀，果肉软，口味酸，容易除萼，可溶性固形物含量在 8%左右。要剔除过熟及腐烂的浆果。

（2）清洗去蒂 将选好的果实轻轻倒入流动水槽内浸洗 3～5 min。目前我国草莓果实大都生长在土地上，沾泥沙较多，受微生物污染较重，所以浸泡清洗是很重要的工序。同时浸洗时将上面漂浮的萼片及杂质去除，摘掉果蒂。浸泡时间不可过长，以免果实汁液颜色流失，水要保持清洁。

把清洗过的草莓过秤装入盆或桶内，每个容器装果 20～30 kg，为防止果实氧化变色，在果面上加一层果重 10%的白砂糖。容器内果实常温放置不超过 24 h，在 0℃冷库中暂时存放不得超过 3 天。

（3）配料 草莓酱分为高糖和低糖两种。高糖草莓酱的配方是：草莓 100 kg，砂糖 120 kg，柠檬酸 300 g，山梨酸 75 g；低糖草莓酱的配方是：草莓 100 kg，砂糖 70 kg，柠檬酸 800 g，山梨酸少量。柠檬酸的用量根据草莓含酸量适当调整。砂糖在使用前配成 75%的糖液。柠檬酸和山梨酸在使用前用少量水溶解。

(4)软化浓缩 软化时先将夹层锅洗净，放入总糖量的1/3糖液，同时倒入草莓，快速升温，软化10 min，再分2次加入剩余的糖液。沸腾后可控制压力在1～2 kg/cm^2，同时不断搅拌，使上下层软化均匀，待可溶性固形物在60％以上时，加入用水溶化的柠檬酸和山梨酸，继续加热并不断搅拌，至可溶性固形物含量达66％～67％时即可。

(5)装罐及杀菌　空瓶消毒后，及时装入85℃以上的果酱至瓶口适当位置。装酱后盖上用酒精消过毒的瓶盖，拧紧或用封盖机封罐。检查后在95℃的水中5～10 min杀菌，然后用喷淋水冷却至瓶中心温度50℃以下，经检验合格即为成品。

3. 质量要求　果酱色泽为红褐色，均匀一致，具有良好的草莓风味，无焦煳味及其他异味；果实去净果梗和萼片，煮制良好，保持部分果块，呈胶黏状，但不得分泌液汁，不允许存在杂质。总糖含量不低于57％，可溶性固形物不低于65％；重金属含量，锡小于或等于200 mg/kg，铜小于或等于10 mg/kg，铅小于或等于2 mg/kg。

(二)草莓蜜饯

1. 工艺流程　原料选择→除果柄萼片→漂洗→护色硬化处理→漂洗→糖液煮制→糖渍→装罐→排气封罐→杀菌冷却→成品。

2. 技术要点

(1)原料选择　选择色泽深红、香气浓郁、果肉质地致密、硬度大、果形完整、有韧性、汁液较少、耐煮制的品种，果实8～9成熟，大小均匀。剔除未熟、过熟果及病虫果。

(2)护色硬化处理　为增强草莓果实的耐煮性，减少色素的损失，提高维生素C的保存率，加快渗糖速度，在果实糖煮前，可采用以下方法进行护色及硬化处理。

第一种方法，将清洗的果实，放在0.1％～0.7％浓度的钙盐和亚硫酸盐溶液中浸泡，浸泡时间的长短依品种和成熟度而异，浸泡时间过长，果肉粗糙，口感差；浸泡时间短，起不到硬化和护色作用。一般浸泡5～8 h。

第二种方法，采用抽气处理，将清洗的果实放在一定浓度的稀糖液中，在抽气真空度 84 659～90 659 Pa（650～680 mm 汞柱）条件下，抽空 20～30 min，温度保持 40～50℃之间，使果实中的空气排出，加速渗糖，使果肉饱满、透明。

（3）漂洗　硬化处理后的果实必须进行漂洗，以除去果实中的钙盐和亚硫酸盐等物质，以流动自来水漂洗至水清即可。

（4）糖渍糖煮　漂洗后将果实置于一定浓度的稀糖液中浸渍 10～12 h，将果实捞出，加热提高糖浓度，并加入适量柠檬酸调整酸碱度，然后将果实再倒入糖液中浸渍 18～24 h，如此反复 2 次，最后连同果实和糖液再加热煮制。待汁液可溶性固形物达 65％时，将果实捞出，糖液过滤备用。

（5）装罐密封　将果实装入经消毒的罐内，注入过滤后的热糖液。装罐后加热排气，至罐中心温度达 70～80℃，保持 5～10 min，立即密封。密封罐在沸水浴中煮 12～20 min，然后用 60℃、40℃温水分段冷却。经过保温处理检验合格即为成品。

3. 质量要求　产品总糖量应在 45％以上，可溶性固形物不低于净重的 55％～66％，二氧化硫残留量在 0.006 g/kg 以下，不含铜、铅、砷等离子，感官指标和卫生指标达到国家规定的质量标准。

（三）草莓脯

1. 工艺流程　原料选择→除果柄萼片→清洗→护色硬化处理→漂洗→糖渍→糖煮→烘烤→整形→包装。前期步骤与草莓蜜饯制作相同。

2. 技术要点

（1）糖渍糖煮　与草莓蜜饯一样经过两次糖渍糖煮，当加糖煮制到可溶性固形物含量达 65％以上时，再浸渍 18～24 h，将果实捞出，沥干备用。

（2）烘烤　将果实放在 55～60℃温度条件下烘烤至不粘手为度。如烘烤温度过高，果脯质地变硬；烘烤温度过低，时间延长，影响果脯色泽。

(3)整形　将烘烤好的果脯，整形呈扁圆锥形，按大小色泽分级包装。

3. 质量要求

果为紫红色、暗红色，具光泽，大小均匀，不粘手，不返沙，质地饱满有韧性，具有草莓风味，甜酸适度。总糖量为60%～70%，水分含量18%～20%，二氧化硫残留量小于或等于0.004 g/kg。

(四)草莓干

1. 原料选择　选择粒大、均匀、颜色鲜艳、无伤烂和疤痕、无病虫害、香气浓郁、酸甜适口的草莓为原料。

2. 清洗　将备用草莓倒入流动清水中充分漂洗，除去泥沙等杂物。

3. 去果蒂　去蒂时要轻拿轻放，用手握住蒂把转动果实，或用去蒂刀去尽蒂叶。同时，剔除杂质和不合格的果实。

4. 加糖煮制　先配制40%浓度的糖液，放入夹层锅中加热至沸腾，然后加入草莓果实，再加热至沸腾，保持10 min。冷却后，取出糖液和草莓果，放入备好的容器中，在40%糖液中糖渍6～8 h。

5. 滤液　将糖渍好的果实从糖液中捞出，平铺在竹筛上沥糖30 min。

6. 烘制　将草莓果单层平铺于瓷盘上，放入烘箱中烘烤，控制温度的方法有3种：180℃保持10 min，降至120℃维持20 min，然后100℃保持24 h；180℃保持20 min，降至120℃维持2 h，然后80℃保持20 h；180℃保持30 min，降至120℃维持1 h，最后70℃维持12 h。这3种烘制方法效果基本相同，可自由选择。

7. 包装检验　剔除碎果、不规整果，然后装袋，即为成品。

草莓干的成品为绛红色，大小均匀。种子露在外面，像芝麻点缀在果实表面。具有草莓的芳香、酸甜味。水分含量为7%～8%，无致病菌及因微生物引起的腐败现象。

(五)糖水罐头

1. 原料选择　草莓不同品种间加工适应性差异较大。试验结果表明因都卡、早红光、莱斯特、梯旦等是较好的制罐品种;全明星其次;宝交早生和阿特拉斯制罐后果色浅,感官欠佳;鸡心品种不宜制罐头。一般应选择果实颜色深红,硬度较大,种子少而小,大小均匀,香味浓郁的品种,还要剔除未熟、过熟、病虫、烂果。这样制成的罐头,果实红色,果形完整,具韧性,汁液透明鲜红,原果风味浓,甜酸适度。

2. 清洗,烫漂　将选好的果实,用流动清水冲洗、沥干,立即放入沸水中烫漂 1～2 min,以果实稍软而不烂为度,烫漂时间长短,视品种及成熟度而异。烫漂液要连续使用,以减少果实可溶性固形物的损失。

3. 装罐　烫漂后将果实捞出沥干,装罐,随即注入 28%～30%的热糖液。

4. 排气、密封　装罐后加热排气,至罐中心温度为 70～80℃,保持 5～10 min,立即密封。

5. 杀菌,冷却　在沸水浴中杀菌 10～20 min,分段冷却至 38～40℃,经过保温处理检验合格即为成品。

6. 成品检验　产品的糖水浓度达到 12%～16%,固形物为净重的 55%～60%,感官、理化和卫生等各项指标应达到省级规定的质量标准。

为了解决草莓制罐后果实褪色、瘫软的缺点,吉林农业大学采用把抽空的草莓果实 300 g,注入含糖 30%沸腾的黑穗醋栗天然果汁作填充液和抽空液。这样制出的草莓罐头,经贮存后,色泽艳丽,果实饱满,不碎,不瘫软,外观良好,具有独特芳香味,甜酸适口,口感极佳。

(六)草莓果汁

1. 工艺流程　原料选择→浸洗→去果柄萼片→淋洗→烫果→取汁→过滤→调配→杀菌→成品装罐。

2. 技术要点

(1)原料选择　加工果汁的浆果，要选用含酸量高，色泽深红，可溶性固形物含量高的品种。果实要充分成熟，没有病虫污染、干疤、腐烂和萎缩的优质果。

(2)洗涤和去果柄　榨汁前把选好的草莓在洗涤槽浸洗1～2 min，除去泥沙和果面上的漂浮物，再在0.03%高锰酸钾溶液中消毒1 min，然后用流水冲洗，或换水洗2～3次。摘除果柄和萼片后，再淋洗1次，然后沥水待用。

(3)烫果　烫果不能用铁锅，可用不锈钢锅或搪瓷盆，采取蒸汽加热或明火加热。把沥去水的草莓倒入沸水锅里烫0.5～1 min，使草莓果心温度在60～80℃即可。然后捞出放在盆中，果实受热后可以减少胶质的黏性和破坏酶的活性，阻止维生素C被氧化损失，还有利于色素的析出，提高出汁率。

(4)榨汁　可用压榨机，也可用离心甩干机或不锈钢搅肉机来破碎草莓。破碎后放到滤布袋内，在离心甩干机内离心，由出水口收集果汁。把3次压榨的果汁混合在一起，出汁率可达75%。

(5)澄清过滤　榨取草莓汁时，为防止升温变质，常加入0.05%的苯甲酸钠作防腐剂。榨出的草莓汁在密闭的容器中放置3～4天即可澄清，低温澄清速度更快。然后用过滤机或3～4层纱布过滤，过滤时可用器具协助挤压。如果是浑浊型果汁，不需要澄清和精细过滤，趁热用布袋过滤即可。

(6)调配　调配的目的是使产品标准化，增进果汁的风味，控制糖度和酸度。饮料草莓汁的糖度一般在7%～13%，酸度不低于0.3%～0.35%，可溶性固形物糖酸比为(20～25)∶1。作为原果汁调整后的糖度要求为45%，酸度0.5%～0.6%。

(7)杀菌　将调整好的果汁进行杀菌处理，主要是杀死果汁中的酵母菌和霉菌，加热到80～85℃，保持20 min即可达到杀菌效果。对浑浊果汁因时间过长，会影响风味，所以最好采取超高温杀菌法(升温到135℃数秒)瞬间完成。

(8)保藏　果汁灭菌后趁热装入洗净消毒的瓶中，立即封口，再在80℃左右的热水中灭菌20 min，取出后自然冷却，置于5℃左右的冷库中贮存。

3. 质量要求　成品草莓汁呈紫红色，色泽均匀，有光泽，酸甜可口，具有新鲜草莓风味，不允许有悬浮物存在。

(七)草莓酒

1. 工艺流程　草莓可用来酿制果酒，其酿造工艺，从选料选择到榨取果汁与草莓汁加工步骤和操作基本相同，其后的工艺流程为：发酵→陈酿→成品调配→包装保存→检验→出厂。

2. 技术要点

(1)增加酒度　榨取果汁后，立即按每升果汁加入150～300 mg二氧化硫，也可把草莓破碎后直接发酵。发酵前一般对草莓汁需要进行糖度调整。成品果酒的酒精度要求12～13度，而果汁本身发酵达不到这么高的酒度。提高酒精度有两种方法，一是添加白砂糖使之在发酵过程中生成酒精，一般17 g糖生成1度酒，含糖量为7%的草莓，每升果汁要加入151 g砂糖，方能生成13度的酒。二是发酵后补加高浓度蒸馏酒或经过处理的酒精，但补加的酒精量不能超过原汁发酵酒精量的10%。草莓果汁的酸度为0.7%～1.2%，一般不需要调整。

(2)发酵　可采取密闭式的发酵桶或发酵池，桶盖上安放发酵栓，产生的二氧化碳可从发酵栓逸出。发酵桶装8成满，视需要还可加入酵母促进发酵。一般在25℃发酵5～7天，20℃发酵2周左右。发酵初期为酵母繁殖阶段，温度应控制在25～30℃，不要低于15℃，一般需1～2天，以后温度升高，放出大量二氧化碳，发酵逐渐减弱而趋平缓，糖分减少到1%以下时酒精积累最高，汁液开始清晰，果渣、酵母部分开始下沉，主发酵结束。发酵结束后要及时出桶，用虹吸法分离，除去果渣等沉淀物。

(3)陈酿　在地下室或地窖内存放3个月以上，在陈酿过程中，果酒发生酯化作用和缔合作用，使果酒透明、芳香、醇厚、稳定，而且营养物质转化的更彻底。陈酿结束后要更换容器，以除去悬浮在酒液中的杂质和容器底部的沉淀物。

(4)调配　按产品规定标准调整酒的糖酸比和酒精度。

(5)装瓶　将调配好的草莓酒过滤后装瓶。酒精度较低的酒，需经瞬时灭菌 90℃1 min，或在 60～70℃温度 10～15 min。果酒的酒精度及糖度达到一定高度(80 个以上保藏单位)时，可直接装瓶密封，不需经杀菌便能较长期保存。

3. 质量要求　草莓酒应呈檀香色或宝石红色，澄清透明，无悬浮物，具有浓郁酒香和果香，甜酸适度，醇厚和谐。酒精度可按不同需求在 11～18 度之间，糖度 14～15 度，酸度一般为 0.3 度，甲醛不高于 0.04 g/100 mL。

提示问答

1. 如何进行果实采收及采后预冷?
2. 贮藏保鲜的方法主要包括哪些?
3. 草莓的速冻技术包括哪些要点?

第九章

草莓的无公害间作模式

阅读指南 本章主要介绍了草莓合理间作的要求及露地草莓和设施草莓的间作模式，主要包括果园间作、草莓—西瓜—晚稻间套作、草莓—玉米—后季稻套作、草莓—中稻—甘薯(红苕)轮作、草莓—棉花套作、草莓—水稻轮作、草莓与苦瓜大棚套种、大棚草莓、丝瓜立体种植和日光温室草莓、甜瓜立体栽培等技术。

一、草莓合理间作的要求

为充分利用空间，获得更高的经济效益，近几年来，许多地区进行了草莓与其他作物的间作、套种和轮作。合理的间作、套种和轮作制度应符合以下要求。

①不同作物共生期间的生长发育互不影响。

②充分利用土地和空间，能保护生态环境。

③有利于培养地力，不会增加后作的病虫为害而影响产量和品质。

④投资少，成本低，管理方便，经济效益高等。

根据以上要求，下面分别简单介绍露地和设施草莓与其他作物之间的间、套、轮作的主要形式。

二、露地草莓的间作模式

（一）果园间作草莓

如在苹果、梨、柑橘等果园行间栽种草莓。这种形式很普遍，其好处是管理容易，无争劳力矛盾，能达到以短养长的目的，效益高。木本果树有遮阳降温作用，这有利于减轻高温季节酷热对草莓幼苗生长的抑制。间作草莓时，一定要充分留出果树的清耕面积，并按照各自的栽培要求加强管理，果树进入结期后应停止间作。此外，草莓也可在桑园中间作。但不宜在桃园中间作，因桃蚜可传播草莓病害，草莓黑霉病也危害桃树。桃树的根系较浅，分布面广，呈圆盘状。桃的发枝量大，物候期早，花期与草莓有一定交错，两者对肥水的需求高峰期和管理也有一定矛盾和影响。在葡萄园中间作草莓也十分适宜，主要在1～4年生的幼龄葡萄园间作草莓。两种都是生长周期短的浆果，栽种时期基本相同，草莓第二年即可收获，葡萄前草莓已采收完，两者生育期错开，有利于合理安排劳力。葡萄根系深广，草莓根浅，需氮时期和吸肥层次不同。葡萄修剪较重，且发芽较晚，不影响草莓通风透光，草莓又具一定的耐阴性，栽植密度可与露地相同。但草莓宜在篱架葡萄园的行间间作，棚架葡萄由于遮光严重且管理不便，不适宜间作。春香、达娜等草莓品种不耐高温曝晒，在葡萄园内间作更为适应。

江苏镇江等地1～2年生巨峰葡萄园间作草莓采用以下方法：3月下旬定植葡萄苗，4月中旬在行间栽植草莓繁殖母株，当年每667 m^2可繁殖匍匐茎苗5万株左右；草莓以采果为目的间作时，10月下旬葡萄秋施肥后，在行间深翻土误用，培土起高垄（15～20 cm），垄宽1 m，栽双行草莓，11月下旬除草追肥后覆盖地膜，翌年2月中旬把植株提出膜外，5月初开始采收；葡萄管理，重点抓好留蔓与抹芽定枝，及时绑缚新梢，除去副梢和卷须，避免枝叶郁闭，改善通风透光条件，对结果新梢及时摘心，确保坐果和树体健壮；草莓管理力争早栽早发早熟，及时防治病虫害，追肥做到少而勤，促进营养生长，夺取优质高产。据当地试验，间作草莓的产量与不间作区无明显差异，葡萄产量反有增加趋势，只是草莓繁苗区的葡萄产量比不间作区约低 11%。

葡萄园间作草莓也可进行保护地促成半促成栽培。上海宝山区示范果园进行葡萄与草莓保护地立体栽培试验，其方法是：于春季扦插葡萄，每 667 m^2 700 株，当年 10 月上旬在葡萄行间栽植草莓，品种为宝交早生，每 667 m^2 6 000 株，栽后覆盖黑色地膜，翌年 1 月上旬在园内搭大棚，秋季葡萄间伐 1/3，每 667 m^2 留苗 460 株，行间栽草莓增加到 8 000株，盖黑膜，搭大棚提前到 11 月 20 日。两年试验看出，与未搭大棚的对照比较，葡萄成熟期提前 18 天，草莓提前 3 个月；草莓 667 m^2 产值增加 592%，葡萄产值增加 124%，合计 667 m^2 净产值增加 231%，经济效益十分显著。

江苏省滨海县坎南乡农民在葡萄园里间作套蘑菇、草莓，充分利用土地、空间、光能，进行葡萄－蘑菇－草莓立体高效栽培，同样获得了高产高效。其方法是：一是把握季节，茬口合理，10 月上旬在 1～4 年生的幼龄葡萄园葡萄篱架行间栽植草莓，翌年 2～4 月份采收，4 月下旬至 5 月上旬播种蘑菇，7 月初至 9 月中旬采收，7 月上旬至 9 月下旬采收葡萄。二是整地施肥，合理密植，10 月上旬在葡萄架行间结合翻耕整地施入腐熟的圈肥 4 000 kg，人粪尿 400 kg，复合肥 50 kg，过磷酸钙 100 kg；同时均匀撒施多菌灵，以对土壤消毒和防治地下病虫害，雨多潮湿地区应做成高畦或高垄，少雨高燥地区宜做成平畦；每 667 m^2 葡萄约 500 株，草莓行距 20～25 cm，株距 15～20 cm，667 m^2 栽苗约 6 500株。蘑菇按常规方法及密度播种即可。三是良种选择与配置，为便于田园管理、采收、销售等，葡萄和草莓均应选择早、中、晚熟品种搭配栽培，草莓还应在同一园内（相对集中）按不同成熟期，以一个主栽品种再配置不少于 3 个授粉品种，以利其异花授粉。四是莓栽植后应适时覆盖地膜，一般以日均温度 3～5℃时盖膜、扣棚为宜。五是适时追肥，葡萄应（隔年一次）结合草莓施基肥，早春追施 1 次腐熟人粪尿，开花前约 7 天追施氮磷复合肥，同时叶面喷施 0.3％的硼砂，浆果长到黄豆粒大时，叶面喷施 0.3％ 磷酸二氢钾加 0.1％尿素液，采收前 4～5 天追施和喷施速效磷钾肥。草莓在顶花序即将现蕾时、顶果开始采收时、采果盛期各追施 1 次 0.3％尿素液和 2 次 0.2％磷酸二氢钾，盛花期喷施 0.3％硼砂 1 次；蘑菇采收三批后应及时合理增施追肥。六是用好植物生长调节剂，结合叶面施肥，采取适时量增施高效植物生长调节剂。

（二）草莓—西瓜—晚稻间套作

这种种植模式主要适宜于大中城市郊区，浙江宁海等地采用的这种 1 年 3 熟制的栽培模式，平均草莓 667 m^2 产 658 kg，西瓜 1 580 kg，晚稻 512 kg。比传统的小麦、早稻、晚稻种植制度，净收入增加 299.8％。主要技术如下

1. 抓住季节，合理安排茬口　草莓于 10 月中旬，最晚在 11 月中旬前栽植，翌年 4 月上旬开始采果，5 月下旬结束。西瓜于 4 月上旬育苗，5 月上旬套入草莓行间，7 月中下旬收获。晚稻 7 月下旬移栽，10 月中旬收割。

2. 精细整地，适当留苗　草莓套作地做成弓形高畦，畦宽 120 cm，畦沟宽 30 cm，沟深 25 cm，草莓行距 40 cm，株距 20 cm，每 667 m^2 栽假植苗 5 400 株，留行 60 cm 套种西瓜，每 667 m^2 222 株。晚稻栽植密度 19.9 cm×16.7 cm，667 m^2 栽 2 万丛。

3. 选用良种　草莓品种为“宝交早生”。西瓜采用抗病、丰产、瓜型大的杂交西瓜“寿山”品种，全生育期为 110 天左右。晚稻选用杂交籼稻“协优 46”。

4. 合理施肥　草莓重施基肥，增施磷钾肥、钾肥，看苗追肥。第一次追肥在 12 月上旬，第二次在顶果开始采摘时，第三次在采果盛期，喷施 0.3％尿素，追肥结合灌水。西瓜按每收获 50 kg 纯氮 92 g，五氧化二磷 19.5 g，氧化钾 99 g 计算，其中农家肥占施肥量的 1/2。水稻施肥

以农家肥为主，每 667 m^2 不少于 2 500 kg，肥料分配为：基肥占 50%，苗肥 15%，拔节肥 10%，穗肥 25%。

5. 加强田间管理　草莓注意越冬保苗，12 月下旬覆盖地膜；水稻要防死苗，促分蘖；西瓜有八九成熟时即采收，以不误农时。还应及时防治病虫害，西瓜重点防治炭疽病和枯萎病，草莓主要是灰霉病；水稻进行常规病虫防治。

（三）草莓—玉米—后季稻套作

许多地区采取了"草莓－玉米－后季稻"的栽培模式，试验结果表明：采取此模式，每 667 m^2 的纯收入明显提高，现将湖北一地区的栽培技术介绍如下。

1. 规格及茬口安排　10 月下旬，起垄，规格为底宽 1 m，高 0.25 m，顶宽 0.6～0.7 m，每垄栽两行草莓呈三角形定植，株距 0.23 m，667 m^2 栽 5 500 株，翌年开春后除草、施肥、覆膜，4 月初开始采收，5 月底结束；玉米 3 月 20 日用大孔（468 孔）塑盘 14 张起棚育苗，4 月 8～10 日在垄中央打洞移栽，株距 0.1～0.12 m，667 m^2 栽 5 500～6 000 株，7 月 20 日收获；后季稻 6 月 15～18 日落谷，每 667 m^2 需大孔塑盘（468 孔）100 张，落谷采用泥浆法，7 月 20 日抛栽，每 667 m^2 3.15 万穴，基本苗 14 万～15 万。

2. 栽培技术

（1）草莓　品种选用商品性好的宝交早生等，10 月底 667 m^2 施足基肥，每 667 m^2 施用腐熟的有机肥 5 000 kg，三元复合肥 50 kg，然后用条播机旋耕两次起垄；定植时注意使根基弓背朝垄沟方向，其深度适宜，做到深不埋心，浅不露根；2 月初，人工除草、施肥、盖膜，在人工除草的同时摘除枯黄叶、病老叶；然后追肥，每 667 m^2 追施腐熟的有机肥 2 500 kg、复合肥 25 kg 加尿素 30 kg；盖膜后随即放苗，洞口尽量小。

（2）玉米　采用塑盘育苗，乳苗移栽，主要解决直播地膜玉米大小苗、成熟期偏迟的问题。品种以掖单 51 号、苏玉 9 号为主；根据气候特点，结合种子发芽温度进行播种，一般最佳播期为 3 月 20 日。播种前要选好苗床，苗床宜选在地势较高、排水畅的地方，其规格为长 2.5 m，宽 1.4 m 的长方形，四周做埂，泅水打浆贴盘；播种时一要坚持分级，大小粒分开，一穴一粒，每 667 m^2 需种 2.25～2.5 kg，播种后要覆盖细土，盖籽土宜选用无菌的菜园土，过筛，以满孔穴为限；二要盖草喷水；三要起棚、揭草、覆薄膜、网绳，且四周开排水沟。加强苗床管理：其关键是保证盘土湿润，表土不发白；如发白，应揭膜用喷雾器喷水，防止缩芽。展叶后晴天，通风降温，一叶一心期炼苗。适时移栽：移栽早，苗龄小，易遭受晚霜袭击；移栽迟，苗龄大，在塑盘中营养面积少，易形成瘦苗，移栽最佳叶龄是一叶一心期。加强培管：5 月下旬，玉米大喇叭口期施好穗肥，每 667 m^2 施碳铵 50 kg，腐熟有机肥 2 000 kg，同时使用好生长调节剂，防治玉米螟危害，每 667 m^2 用玉米结合实际它灵 20 mL，对水 30 kg 喷到上部叶片，控制株高，增加粒重；玉米螟用菊酯类农药10 mL加水 25 kg 配制成毒水灌心防治。

(3)后季稻　选用品种为早熟品种，播种塌谷后喷北秧素 15 mL，三叶期之前湿润灌溉，三叶期以后保持旱育条件下生长，抛栽前 4 天结合浇水追肥，每 100 片用尿素 0.25 kg，大田每 667 m^2 施有机肥 2 500 kg、碳铵 50 kg、多效硅肥 10 kg，玉米秸秆机械直耕还田。

(四)草莓—中稻—甘薯(红苕)轮作

四川内江、宜宾及贵州习水、凯里等地已推广应用。草莓品种为春香、宝交早生、丽红等。草莓的栽培要点包括以下几个方面。

1. 作高畦、集中施肥　畦高 30～35 cm，畦宽 120～150 cm，畦沟宽 30～40 cm，每 667 m^2 施农家肥 500～800 kg、复合肥 100 kg、过磷酸钙或饼肥 100 kg，并加草木灰和拌匀后，按定植穴深施，混土，上覆表土 10 cm 左右，随即栽植。

2. 促花保果　每个花序留果 2～3 个，每株留果 10 个左右，以使果个大，质优。在 2 月底或 3 月初草莓初花期及头批果采收后，喷施 50×10^{-6} 的赤霉素，以促使花茎伸长早熟增产。

3. 加强管理，防治病虫害　11 月份至翌年 3 月份，视天气情况，每月施1次水肥(稀粪水)。4～5月份注意排水。3～4月份喷两次200倍等量式波尔多液防治灰霉病、黑腐病。发现蚜虫、蛞蝓、蝼蛄等害虫用1 000倍敌敌畏或乐果杀灭,对叶蝉、飞虱用1 000倍扑虱灵防治,并随时摘去病叶、病果,带出地外消除病源。

此外,还要注意各季作物的衔接,不误农时,5月上中旬草莓采果后立即翻压鲜茎叶作绿肥。中稻于6月初插完,8月上旬收割后接种红苕,11月种植草莓,每667 m^2 草莓产量为800～1 000 kg,全年总产值超过4 000元。如不种红苕,也可种植萝卜等蔬菜,但产值较低。

(五)草莓—棉花套作和草莓—水稻轮作

1. 草莓—棉花套作　苏、豫、川等省的棉区都有这种形式。江苏如东县采用的草莓—棉花套种技术如下:草莓宜选植株较矮的早熟品种,棉花采用株型中等、抗病性强的丰产品种。栽植畦宽度1～1.2 m,畦沟宽25 cm,畦的两边各栽1行草莓。畦中间套种2行棉花,棉花行距为35 cm,草莓与棉花之间的行距为25 cm。667 m^2 栽草莓约6 000株,棉花4 000株。11月上旬拔去棉秆,施肥整地后栽植草莓。翌年2月上中旬覆盖地,3月上旬把植株提出膜外,草莓初花期要适度追肥。5月上旬采果前,把棉花营养钵苗移栽至草莓行间,并施稀粪水,5月下旬草莓收获后除去地上部植株,根茬留在土内作肥料,并用原来覆盖草莓的地膜覆盖棉苗。草莓与棉花的田间管理与大田相同。此法每667 m^2收皮棉70 kg左右,草莓400～500 kg,比小麦棉花套作净收入增加500元以上。但棉花黄萎病菌也能侵染草莓,故在黄萎病高发区,草莓不宜与棉花套作。

2. 草莓—水稻轮作　在水稻产区这种轮作形式很普遍。如河南信阳等地,水稻收割后于9月上中旬整田作畦,畦宽150～200 cm,高20 cm,畦距30 cm,草莓株行距15 cm×30 cm,667 m^2 栽13 000株,栽草莓时1次667 m^2 施碳酸铵和钙镁磷肥各40 kg。草莓采收后把植株翻入田内作绿肥,灌水沤制7天后再整田插秧。据信阳农技站4年试验结果:草莓一水稻轮作田平均667 m^2 产草莓842 kg,比纯草莓地的

910 kg 稍低，但多收水稻 453 kg。与当地传统的水稻－小麦轮作形式比较，每 667 m^2 产值平均增加 2 000 元以上。

(六)草莓的其他间套作形式

如草莓与夏玉米套种，玉米既为草莓遮阳，又不影响其产量。方法是：玉米的行株距按 80 cm×30 cm 或 160 cm×25 cm，在 8 月中下旬于玉米行间栽 2～4 行草莓，玉米收后草莓才开始秋季旺盛生长，两者互不影响。还有在草莓行间冬季间、套菠菜、大蒜(收青苗)、甘蓝等形式。草莓还可与瓜类和葱等多种蔬菜间作，但草莓不宜与茄科植物，如番茄、茄子、辣椒、烟草等间作，因其共生黄萎病。草莓灰霉病也危害黄瓜、莴苣、辣椒等作物，这些作物也不宜与草莓轮作。为害草莓的重要害虫二点叶螨的寄主植物多达 100 余种，可相互转移为害。因此，草莓的轮作、间作应合理，间作、轮作的年限要缩短，还要加强管理和注意病虫防治。

三、设施草莓的间作模式

(一)草莓与苦瓜大棚套种技术

根据草莓较耐寒而不耐热，苦瓜喜温耐热的特性，浙江杭州地区摸索出草莓与苦瓜大棚套种技术，冬季在塑料大棚内种植草莓，早春开始套种苦瓜，不仅充分利用了土地和大棚，而且可以使苦瓜提早上市，667 m^2 大棚，草莓早期产量 250～300 kg，总产量 2 000 kg 左右；苦瓜早期产量约 900 kg，至 8 月下旬采收完毕时，总产量 2 000～2 500 kg，获得较好的经济效益。现将其主要栽培技术总结如下。

1. 草莓的栽培技术

(1)品种选择　宜选择保护地栽培的专用品种如日本的丰香，该品种具有丰产，早熟，供应期长，质地致密，汁液多，味甜酸适口，耐储运，且抗萎黄病和萎凋病等特点。

(2)育苗　草莓苗在生产上通常用匍匐茎繁育。该法简便容易,繁殖系数高。一是母株的选择,为了培育优质苗,应选择专用母株;选择母株要求品种特征明显,生长健壮,无病虫害。二是母株的定植,定植期在3月中旬到4月中旬,母株带土,并摘除老叶,病叶和花茎,按株距80 cm或100 cm单行种在畦边。三是母株管理,搭拱棚保温保湿,可喷赤霉素促进早发和多发匍匐茎;母株成活后至7月中旬,以氮肥为主,每15～20天施一次薄肥;在花穗旺发期,摘除花穗和零星早发的匍匐茎,匍匐茎抽生后,单向整理和压蔓,让匍匐茎朝一边生长;梅雨季节及时喷药防治病虫,高温时期,用遮阳网抗旱保苗。四是促进花芽分化,方法有短日照处理和降温处理,采用短日照处理,方法是在定植前1个月进行遮光,用遮光率强的银灰膜或黑色膜,每天自傍晚6时至次日8时覆盖,使日照时数缩短在10 h以内。

(3)整地作畦与施肥　基肥要足,以长效有机肥为主。每667 m^2可施腐熟栏肥5 000 kg或鸡粪肥2 000 kg,饼肥300 kg,复合肥30～40 kg。基肥全面撒施,与土壤充分混合。大棚内做成6畦,畦宽60～70 cm,沟宽30～40 cm,畦高40 cm。

(4)适时定植　保护地栽培的定植时间,一般在8月中旬到9月中旬,具有5～6片展开叶,根系发达,无花叶病和萎黄病的苗,清除老黄叶、杂草,带土在阴天或晴天傍晚定植,株距15～20 cm,行距90 cm。定植后充分浇水或稀薄人粪尿,以促进成活和顶芽分化。成活后控制氮肥,防止抑制腋芽分化,促进匍匐茎萌发。

(5)田间管理　一是适时覆膜保温,10月下旬,第一腋芽分化后,植株尚未进入休眠之前进行覆膜;过早覆膜影响腋芽分化,过迟又会使植株进入休眠状态。二是肥水管理,草莓采收期长,肥水需要量大,要经常补充水分和肥料,供水采用滴灌设备,及时浇水;在草莓整个生长季节里,要进行2～3次追肥,第一次为催苗肥,定植后2～3天施入,以氮肥为主;第二次为催果肥,在开花前施入,以氮钾肥为主;第三次在第一、二档果采收后进行,以磷钾肥为主。三是植株整理,过多的腋芽萌发,易导致分枝过多,养分分散,每株以留2～3个花枝为宜,并只需保留12～15片健壮叶，及时摘除老叶和病叶；各档花序在果实快采收完时，应及时摘除，以刺激新花序的抽生。四是病害防治，主要病害是灰霉病，应做好通风换气和植株整理工作，并用速克灵或一熏灵予以防治。

(6)适时采收　草莓有始收期和采收高峰期，套种草莓的始收期在11月中旬，1月下旬为采收高峰期，整个采收期长达5个多月。

2. 苦瓜栽培技术

(1)品种选择　应选择生长势强，分枝能力强，抗热、抗病、高产，且适合当地消费习惯的品种。

(2)播种育苗　套种的苦瓜在1月中下旬播种，播种前进行浸种催芽，播后出苗2～3天移入营养钵里培养。育苗棚白天温度保持在25～30℃，夜间15～18℃，少浇水，多见光。从幼苗两片真叶开始用苦瓜增产灵处理，每3～4天一次，共3次。

(3)定植　10 cm土温稳定在10℃以上时定植，苦瓜苗定植在大棚两边的畦和正中间的畦上。在畦中间挖穴，施入少许复合肥。整枝的株距为50 cm，不整枝的为100 cm。定植时根部不宜与复合肥直接接触，子叶要露出地面，定植后浇定根水。

(4)田间管理　一是中耕，浇定根水后4～5天第一次中耕，深7～10 cm，两周后进行第二次中耕，深3～5 cm，搭架后不再中耕。二是追肥，要进行2～3次追肥，定植后2～3天晴天傍晚进行第一次追肥，施入稀薄人粪尿；第二次在开花前施入，促进结瓜；第三次在采收两次后施入，氮磷钾配合使用；除地面追肥外，还可叶面追肥，促进植株旺盛生长。三是清除草莓，在苦瓜定植1周后，定植畦上可根据需要适当留草莓，拔除苦瓜边上的草莓；再过1周，进入4月下旬时，可把定植畦上的草莓全部拔除，以免草莓根系与苦瓜根系争夺养分；进入5月份，把所有草莓拔除，节省管理时间。四是搭架引蔓，以大棚为结构搭拱形架，把两边的苦瓜往中间引蔓，蔓长30 cm时绑蔓，以后每隔4～5节绑一道。五是整枝疏花，摘除基部侧蔓，主蔓长1 m后选留两条粗壮的侧蔓引向主蔓生长方向；对一些雌花多的，可适当摘除部分雌花，控制单株结果量，防止化瓜和畸形瓜，雄花太多时，摘除未开放的雄花。

(5)及时采收　白色品种果瘤迅速膨大并明显突起，有光泽时即可采收；初采期应 5～6 天采收一次，盛果期宜 2～3 天一次。收瓜宜在太阳出来之前，中午或下午采收的易转黄，不耐储运。

(二)大棚草莓、丝瓜立体种植技术

试验结果证明，大棚草莓、丝瓜立体种植，一般 667 m^2 产草莓 2 800～3 000 kg，丝瓜 2 000～2 500 kg，667 m^2 产值 1.5 万元左右，效益显著。

1. 茬口安排　草莓于 3 月下旬露地繁苗，8 月下旬做畦移栽，畦高 20～30 cm，畦底宽 70 cm，畦面宽 50 cm，畦间距 25～30 cm，每畦栽 2 行，行距 25 cm，株距 15～18 cm，每 667 m^2 栽 8 000～10 000 株；丝瓜于 3 月下旬至 4 月初定植，套栽于棚脚内侧 20 cm 处，每个大棚栽 2 行，株距同棚架的间距，双苗移栽，每 667 m^2 移栽 4 500～5 000 株，6 月中旬开始上市，8 月中下旬拉秧。

2. 栽培要点

(1)大棚草莓　选用丰香、明宝等早熟、丰产性好的品种。移栽前每 667 m^2 大棚施腐熟粪肥 3 000 kg，腐熟饼肥 100 kg、45%复合肥 20～30 kg、过磷酸钙 30～40 kg、硫酸钾 15～20 kg，耕翻耕匀后作畦。采用遮阳网覆盖移栽，栽后浇足水。在覆盖地膜前、结果高峰期、采收盛期、侧花序发生期、侧花序结果盛期等分 4～6 次追肥，每次每 667 m^2 追施 0.2%～0.3%三元复合肥 1 500～3 000 kg。在 10 月底或 11 月初采用大、中、小棚膜三层保温，地面用银灰色地膜覆盖。在草莓现蕾初期使用 5×10^{-6}～8×10^{-6} 的赤霉素液，每株喷 5 mL。开花初期疏除高级弱势花蕾，顶花序保留 10～12 个果，侧花序保留 6～8 个果。花期放蜂传粉减少畸形果。在开花前每隔 7～10 天交替使用速克灵、世高、万霉灵、甲基托布津、乐斯本、敌杀死等防治灰霉病、白粉病、蚜虫、斜纹夜蛾等。

(2)丝瓜　选用大宇五叶香品种，育苗每 667 m^2 用种量 0.25 kg，幼苗苗龄 35 天左右移栽，每 667 m² 施腐熟粪肥 3 000 kg、复合肥 50 kg。当瓜苗长到 30～50 cm 长时，及时引蔓上架。开花结果盛期每隔半个月左右每 667 m² 施稀粪水肥 1 000 kg。丝瓜生长旺期要经常整理枝头，及时打掉老叶、黄叶、病叶。

（三）日光温室草莓和甜瓜立体栽培技术

立体高效栽培是目前日光温室发展的一个方向，这种栽培方式能在有限的空间内创造出更高的经济效益。采用草莓、甜瓜套作栽培，打破了传统日光温室中单一栽培草莓的形式。在早春季节草莓收获将要结束时，垄间定植甜瓜，将再一次获得可观的经济收入，深受广大农民的欢迎。现将有关栽培技术简介如下。

1. 品种选择　选择优良的、适宜日光温室栽培的草莓和甜瓜良种。

2. 茬口安排　茬口安排为上茬草莓下茬甜瓜。一般草莓可在 9 月中旬定植，最早 10 月上旬便可升温，12 月下旬至 1 月上旬果实就能陆续成熟，4～5 月份结束。甜瓜先在温室空地育苗，3 月下旬至 4 月上旬定植于草莓垄间，一般 5 月下旬至 6 月上旬成熟上市。收获后人工培肥地力，再进行翌年的生产循环。

3. 草莓栽培

（1）定植　在日光温室中，草莓定植前 6 667 m² 施 5 000 kg 优质农家肥，深翻起垄，垄宽 80 cm 左右，垄高 20 cm，垄上双行栽苗，行距 40 cm，株距 15 cm，每穴 1 株苗。事先沿垄向覆好地膜，在地膜上刨穴栽苗，时期为 9 月中旬，做到使苗木“深不埋心，浅不露根”。有条件的最好铺设滴灌管道，这样空气湿度小，病害发生明显降低，土壤湿度大，有利于草莓的生长，也便于肥水管理。

（2）升温后温湿度控制　升温时间应根据温室类型、品种休眠深浅和栽培方式而定。弗杰尼亚草莓 9 月中旬定植，最早 10 月上中旬便可升温。升温前期，要关闭所有通风口，闷棚，白天温度 30～35℃，夜晚不低于 8℃。若此时夜温达不到，需加纸被并加盖小拱棚，必要时可使用加温设备。开花期应注意通风，否则湿度大会影响授粉效果，畸形果增多。有条件的可用蜜蜂传粉，产量会明显增加。白天 20～25℃，夜晚 6～7℃，空气湿度控制在 40%～60%。果实膨大期，最高不要超过22℃，最低 2℃。

4. 甜瓜栽培

(1)浸种催芽　要播种的种子，需要精心挑选。催芽前要晾晒 2 天，随后用 50℃左右的温水浸种约 15 min，并注意搅拌，水温自然冷却后再浸种 5 h 后捞出洗净，随后用药液杀菌消毒处理。常用的药 0.1%的高锰酸钾浸 2～4 h；500 倍液 70%甲基托布津或 1 000 倍液 50%多菌灵浸泡半小时均可。将药液浸过的种子用清水洗一次，放在器皿中用湿毛巾盖好置恒温箱中或热炕头上进行催芽，温度控制在 30℃，14～24 h 芽就可出齐。当幼芽露出时，温度降至 25℃左右，播种前降到 13～20℃，以防高温徒长。苗期注意肥水管理，一般不宜浇大水。

(2)定植　甜瓜苗于 3 月下旬至 4 月上旬定植在草莓垄间，株距 50 cm。定植时在穴内加入适量的土壤杀菌剂和磷钾肥，每穴 2 株瓜苗，浇足水。

(3)整枝　当瓜苗长到 4 片真叶时摘心，1～4 叶腋内各长出一条子蔓，一般把靠近根部的子蔓去掉，留前 3 条子蔓，每条子蔓在 4～5 片叶时需要留孙蔓结瓜。每条子蔓最好能结 5～6 个瓜，如果子蔓坐的瓜少或坐不住，需要留孙蔓结瓜，每条子蔓最好放出 3～4 条孙蔓，每条孙蔓在第 4 片叶时再摘心一次，全株让其坐 4～5 个孙蔓瓜。经过整枝，每株保持 6～8 个瓜较适宜。

(4)肥水管理　甜瓜生长季需肥量很大，除施足底肥外，还要进行追肥。磷钾肥能提高甜瓜品质，一般多施钾肥，少施氮肥。甜瓜生长季吸收氮肥的高峰期在授粉 2 周以前。一般 667 m^2 追肥 5 kg 左右硫酸铵，可与浇水一起进行。幼果膨大期(瓜鸡蛋大小开始)以追钾肥为主，每 667 m^2 穴施 46 kg，也可每隔 1 周进行叶面喷肥一次。坐果前土壤水分保持最大持水量的 70%，幼果膨大期在 80%～85%，果实进入成熟期为55%～60%。前期水分不宜过多，以防徒长和落花落果，果实膨大期要供水充足，每隔1周浇一次水。

(5)温度管理　甜瓜为喜温作物，每个生育期所需温度不同。一般定植后，前期一定要抓住温度管理，要采取高温的管理办法，保持在25～35℃(15～45℃也可正常生长)，花期25℃，若夜温低于17℃，则花期会推迟，果实成熟期最适宜温度为30℃。甜瓜在生长期，当温度下降到13℃就停止生长，10℃就会完全停止生长，7.4℃时就会发生冷害。早春气候变化无常，要搞好防寒保温措施，结合叶面喷施K-3抗逆增产剂，抵抗低温的效果会更好。

5. 注意事项

①草莓灰霉病和甜瓜枯萎病都是很严重的病害，均以预防为主。灰霉病常用药剂有万霉灵、灰霉王、扑海因、农利灵等；枯萎病一般要搞好土壤消毒、发病前灌根和喷药等综合防治，可用40%特效杀菌王乳油和80%灭枯威等进行防治。

②昼夜温度对草莓果实生长和成熟期影响较大，温度过高，成熟期会提前，但会影响草莓果实增大，降低产量；温度过低，成熟期延后，但产量会增加。这一点要注意，应依实际情况而定。

③保护地栽培甜瓜，因受早春气候及多方面因素的影响，坐瓜少和化瓜的现象较普遍，生产上做到：人工授粉，加强开花期的温度和肥水管理，棚内温度不可低于25℃，不要大肥大水管理。防止化瓜还可采用激素处理，例如高效坐瓜灵、防落素、保瓜灵、强力着果素等。需要说明的是，使用激素浓度一定不能超剂量，否则会造成严重的不良后果，甚至造成减产或绝收。

提示问答

1. 草莓合理间作的要求是什么？
2. 露地草莓的间作模式有哪几种？技术要求如何？
3. 设施草莓的间作模式有哪几种？技术要求如何？

第十章

草莓秸秆生物反应堆技术

阅读指南　秸秆生物反应堆技术是一项有效提高农产品产量和质量的新技术，近几年在山东得到较大面积和推广，本章简要介绍了秸秆生物反应堆的技术原理效应；介绍了秸秆生物反应堆标准化建造要求、应用和管理技术；对应于本书，重点介绍了草莓栽培应用秸秆生物反应堆和植物疫苗技术操作规程，并举例了两个应用典型。

一、秸秆生物反应堆技术简介

秸秆生物反应堆技术是以四大创新理论，即植物饥饿理论、植物生防理论、叶片主被动吸收理论和秸秆中矿质元素循环再利用理论为基础，利用生物工程技术，将农作物秸秆转化为作物所需要的气体二氧化碳、热量、生防抗病孢子、矿质元素、有机质等，进而获得高产、优质、无公害农产品的工艺设施栽培技术。该技术体系是一项全新概念的农业增产、增质、增效栽培理论和工艺，它与传统的农作物栽培技术有着本质的区别，该技术体系包括生物反应堆、植物疫苗、设施工艺三大部分，其技术特点是以秸秆替代化肥，以植物疫苗替代农药，通过一定的设施工艺，实施资源利用、生态改良、环境保护、农作物高产、优质、无公害的有机栽培。

该技术在不同作物的广泛应用，从根本上解决了因长期施用化肥导致的土壤生态恶化、农产品污染加重、农药残留严重超标等问题，为农业增效，农民增收，农业的良性循环和可持续发展提供了科学的技术支撑，开辟了新的途径，为广大消费者提供了安全和保健的食品。同时，也提高了我国农产品在国内外市场的竞争力，是一项针对资源循环增值利用，密切结合农村实际，促进多种生产要素有效转化，一举多得的成熟技术。

该技术投资小、操作简单、增产增效显著，自 2001 年进入大田推广应用以来，在山东、河北等十几个省 100 多个县（市、区）的不同作物大面积规范上应用，第一年平均增产 50%以上，上市期提前 7～10 天，减少化肥用量 50%以上，减少农药用量 60%以上，投资成本降低 60%，水分利用率提高 1.2 倍，投入产出比 1∶10；第二年连续应用，平均增产 70%以上，提前上市 10～15 天，减少化肥用量 70%以上，减少农药用量 70%以上，投资成本降低 70%，水分利用率提高 1.5～2 倍，投入产出比 1∶12；第三年继续应用，可不施化肥、农药，平均增产 1 倍以上，提前上市 12～18 天，水分利用率提高 2.5～3 倍，投入产出比为 1∶(14～16)。该技术的推广和普及将会引发一场新的农业革命。

二、秸秆生物反应堆技术效应

（一）CO_2 效应

利用简易反应堆在低投入的情况下，可使一定面积的大棚内 CO_2 浓度提高 4～6 倍；增加光合效率 50%以上。蒸腾下降，水分利用率提高 75%～125%，不少树木可提高 310%。

(二)温度效应

保护地,内置和外置结合使用,可提高 20 cm 地温 4～6℃,气温提高 2～3℃,早春作物可提前 10～15 天播种、定植,很多果树可提前 10～15 天发芽、开花、结果,晚茬作物(秋延迟作物)可延长生育期30 天之多。

(三)生物防治效应

实践结论,可减少农药用量 60%～70%,运用熟练者可减少 100%,生防替代化学农药,无公害效应极显著。

(四)有机改良土壤和替代化肥效应

大面积保护地和大田应用秸秆反应堆,第一年可减少化肥用量 50%以上。对 3 年以上的大棚可减少 70%～100%或以上。土壤有机质、腐殖质、微生物系群、团粒结构、通气性、保水保肥能力,理化性状显著提高和改善。作物生长出现根茎比增加 125%～300%,根系条数和根鲜重(增加的比例与根鲜重差不多)相应增加。

三、秸秆生物反应堆标准化建造与要求

二氧化碳是植物的主要"粮食",生产上利用取之不尽,用之不竭的丰富农作物秸秆资源,应用生物反应堆技术,定向生产更多的气体二氧化碳,解决作物饥饿问题,实现作物的高产、优质和早熟,已在许多地区变为现实。如何将这一科技成果尽快成为广大农民的财富,了解和掌握秸秆生物反应堆相关知识对用好该技术很有必要。

(一)秸秆生物反应堆的建造种类

秸秆生物反应堆有 3 种:内置式、外置式、内外结合式。生产实践中多数菜农适宜采用内置式,有条件的最好采用内外结合式。

1. 内置式秸秆生物反应堆　内置反应堆因其具有显著的二氧化碳效应、地温效应、有机改良土壤效应和生防效应，且适用作物品种广泛、投资小、增产作用大而深受用户的欢迎。按其所处的位置，可分为定植行下和行间内置反应堆两种。

(1)种植行下内置式秸秆生物反应堆　定植前在小行(种植行)下开沟，沟宽与小行相等，一般 60～80 cm，沟深 15～20 cm，沟长与小行长相等，起土分放两边，接着填加秸秆，铺匀踏实，厚度 30 cm，沟两头露出 10 cm 秸秆茬，以便进氧气，填完秸秆后，按每沟所需菌种量均匀撒在秸秆上，用铁锹拍振一遍后，把起土回填于秸秆上，然后灌沟浇水湿透秸秆，2～3 天后，找平起垄，秸秆上土层厚度保持 15 cm 左右，然后定植。盖膜后，按 20 cm 见方，用 14# 钢筋打孔，孔深以穿透秸秆层为准。内置反应堆每 667 m^2 菌种用量 8～10 kg。秸秆用量根据种植作物品种确定，有限生长品种为：2 500～3 000 kg，无限生长品种为：4 000～6 000 kg。此种形式的好处是：根区传热快、增温值高、根系直接向反应堆延伸，吸水保水性能好，适合于多种蔬菜、果树和大田作物的种植。

(2)行间内置秸秆生物反应堆　一般小行高起垄(20 cm 以上)，定植，等待秸秆收获后在大行内起土 15 cm 左右，铺放秸秆 30 cm 厚，踏实找平，按每行用量撒接一层处理好的菌种，用铁锹拍振一遍，回填所起土壤，覆土厚 5～10 cm，浇大水湿透秸秆，待 2～3 天后，盖地膜打孔，打孔要求：在大行两边靠近作物处，每隔 20 cm，用 14# 钢筋打一个孔，孔深以穿透秸秆层为准。菌种和秸秆用量同定植行下内置式。行间内置式反应堆只浇第一次水，以后浇水在小行间按常规进行。管理人员走在大行间，也会踩压出二氧化碳，抬脚就能回进氧气，有利于反应堆效能的发挥。此种内置反应堆，应用时期长，田间管理更常规化，初次使用者更易于掌握。已经定植或初次应用反应堆技术的可以选择此种方式。也可以把它作为行下内置反应堆的一种补充措施。

2. 外置秸秆生物反应堆　根据植物叶片被动吸收二氧化碳，能够增大产量积累的特性，研制配套了外置秸秆生物反应堆。外置反应堆又分为棚内和棚外两种形式。规范式外置反应堆由三部分组成：反应系统，包括秸秆、菌种、盖膜、氧气、隔离层等；贮存系统，包括贮气池、取液池；交换系统，包括交换机、输送带、进气孔、输气道。简易外置反应堆没有交换机和输气带。

外置式的主要特点是在作物整个生长发育，任何阶段都能建造供应植物所需二氧化碳，只是早用增产大，晚用增产少的差别，其灵活性较高。建造位置，春、夏、秋，在田内地头，棚外任意选择地点，冬季可以建在棚内靠近山墙的一头。而建造标准，有标准式外置和简易式外置两种。外置反应堆的建造和使用方法如下。

(1)外置反应堆　即地上反应堆，由地上秸秆反应堆、地下贮气池和气体交换部分组成。春、夏、秋三季可建在大棚外；冬季可建在大棚内。棚外外置反应堆的建法是：离棚前沿 1.5 m 处挖一条东西长 15～20 m 米，宽 1～1.5 m，深 0.6 m 的购气池；池的两头挖一条宽 25 cm，深 30 cm，直通向大棚两山墙内侧的回气道，末端再安一个高 1.5 m，直径为 1.1 m 回气塑料管，而贮气池中间再挖一条垂直通向大棚内的长 3 m，宽 0. 8 m，深 0.7 m 的进气道，棚内终端可建一个下口径 60 cm×60 cm，上口径为 45 cm×45 cm，高出地面 30 cm 的交换机底盘。整个基础用单砖水泥砌垒。

棚内外置反应堆建造与棚外不同之处，是在大棚两山墙的内侧，离墙 0.6 m 挖一个贮气池，该池无回气道，长度略短于山墙，宽度 1.5 m，深 0.8 m，两端各留一个 25 cm×25 cm 的回气孔，中间从底部通出一个 50 cm×50 cm 离开贮气池 60 cm 高出地面 25 cm，上口径为 45 cm×45 cm 的交换机底盘，基础用单砖水泥垒砌；交换机上安装二氧化碳微孔输气带。

(2)放杆拉铁丝　在贮气池上沿每隔 1 m，横摆一根水泥杆或木棍，贮气池上口每隔 20 cm 纵向拉一道铁丝，并固定在水泥杆上，以便棚放秸秆。

(3)拌菌种　反应堆基础建完后，接着进行拌菌种。每次菌种用量 3 kg，中间料可用麦麸 25 kg，粉碎的玉米芯 150 kg，水 230 kg，三者充分拌匀，摊放于大棚内，厚度 15 cm，上面盖帘遮阳，发酵 3 天即可使用。

(4)填料与接种　秸秆的填加与接种一般分三层。第一层厚度为 40 cm，第二层厚度为 50 cm，第三层厚度为 50 cm。能加秸秆的种类：像玉米秸，麦秸，稻草，谷糠，豆秸，杂草，树叶等均可使用。三层接种用量按 2∶1∶2，将菌种均匀撒接于秸秆上，接种完毕后，喷水淋湿，加水数量按每千克加水 1.5 kg 为宜。接着打孔，孔径 10 cm，孔距 40 cm；盖膜保湿，开机通氧抽气。

(5)交换机安装使用　该机功率 150 W，每小时流量 2 900 m^3，安装要求，要使交换机与底盘密封好，使外界空气不能从底盘处进入交换机内。反应堆加料接种后的当天进行开机供氧，第二天就有二氧化碳产生。每天上午 8 时开机，日落前关机。苗期 6 h，开花期 8 h，结果期 10 h。

(6)外置反应堆的管理　定期加水通孔。一般棚外反应堆每 10 天左右加 1 次水，棚内反应堆每 8 天左右加 1 次，每次水量以湿透秸秆为准，每次加水后要在反应堆顶部以 30 cm×30 cm 见方打孔，孔径为 3 cm以增加氧气，加速秸秆的氧化分解。当每次所加秸秆转化消耗 1/2时，要及时填加秸秆和接种。秸秆转化的物质，浸出液中占 1/3 左右。它的利用显著地促进了作物产量的提高和品质的改善，其做法是，在生长前、中、后期内，各灌根一次，用量每棵一碗，剩余液体过滤后进行喷施，重点喷施叶背面和生长点，喷施时间，每天上午 9 时至下午 3 时进行。

(二)秸秆生物反应堆启动的外界因素

1. 菌种量　在相同秸秆数量条件下，随菌种量的增加反应速度加快二氧化碳多，产生热量大，反应持续时间内短，单位时间内消耗秸秆多。各地应用结果菌种与秸秆量的比率 1∶(500～700)，菌种与中间料(麦麸、稻糠)比率以 1∶(30～40)较为适宜。

2. 温度　反应堆所需要启动温度一般是 10℃，适宜的温度是

18～33℃，从10～38℃随温度的升高反应加快，生物活动积累提升堆温，这种生物热替代弥补外界温度的不足要消耗一定量秸秆资源，所以在低温条件下应用生物反应堆随时时注意增加20%～30%的秸秆和菌种。

3. 水分　反应堆湿度过大过小都会影响反应速度，只有在适宜水分下反应才能加快，随反应进行失水速度急剧下降，应做到及时补水，在大棚栽培中每隔7～8天反应堆就要加一次水。一般禾本科植物秸秆加水的比率为1∶(1.35～1.45)，豆科植物秸秆为1∶(1.45～1.5)，木本植物下脚料(木屑、刨花、锯末)为1∶(1.6～1.8)并要始终保持这样的比例。

4. 气体　含氧量在10%～30%，反应堆内随含氧的升高反应加快，反应所需时间短，缺氧就会出现相反的结果，在绝对无氧条件下是不产生二氧化碳和热量的。因此，对反应堆提供充足的氧气是发挥反应堆效能的关键，采用交换机、进气孔与储气池连成一个气体循环系统，每天要保持开机3 h以上。

5. pH值　pH值在4～12范围内反应均可进行，调节适宜的pH值范围，对提高反应堆速度非常重要，生产上应用经验是秸秆反应堆起初的pH值用石灰粉调节在8～10.5之内，45～50天以后再调节在6.5～8，80～100天调节在5.5～6.5即可。

四、秸秆生物反应堆的标准化应用和管理

秸秆生物反应堆技术不是一项单纯的技术，而是把植物、生物、人的行为活动紧密结合在一起，互相联运，共同发挥正面效应的技术集合体。需要在标准化应用和管理中，实现各方面、各层面的科学结合，方可发挥出奇效。有如下几点：

(一)几种形式应有机地结合使用

根据各种反应堆的特点和实际情况合理选择反应堆类型，做到优

势互补，因时制宜、因地制宜、因不同作物品种制宜。一般应选择行下内置反应堆做基础，行间和外置反应堆做补充。

(二)应与植物疫苗配合应用

植物疫苗具有良好的防治病虫害作用。是实现无公害生产农产品的根本出路。与生物反应堆配合应用可以收到增产增效事半功倍的显著效果。无论是哪一种形式的内置反应堆，都应该接种植物疫苗。方法：在蔬菜定植时，先将处理好的疫苗一小把，与穴内土壤混合，然后放苗定植。对于已经定植的，则应先清棵(半径 8～10 cm)，然后撒接疫苗。果树类应用时，先在内置反应堆埂畦内按 30 cm×30 cm 见方刨穴(深 10 cm)，使其穴内的毛细根有破伤或断根，将植物疫苗撒于穴内，穴内接种量为每棵树接种量的 2/3，其余 1/3 均匀撒在树根部及树下表面。接着铺放秸秆建造反应堆就可以了。用量：每 667 m^2 3～6 kg。预处理：与菌种相同。

(三)应与配套管理相结合

1. 施肥　3 年以上的棚区有机肥按常规使用量，化肥不作底肥，只作追肥，底肥严禁施用未充分腐熟或加工的鸡粪、猪粪和人粪尿，研究证实这些粪便是传播线虫和其病害主要途径。底肥可用牛、马、羊、驴、兔等吃草的动物粪便和各类饼肥，数量以常规用量为准，用法集中施在内置反应堆的秸秆上。

2. 行距与密度　应用反应堆后，作物生长较常规枝叶茂盛，如大棚为 3.6 m 开间，四行制被普遍认为可采用，大行 1.1～1.2 m，小行 0.6～0.7 m。株距可根据作物而定，暖冬时可适当稀植，冷冬可适当密植，也可采用先密后稀的原则，灵活掌握。

3. 浇水　适时供应充足的水分是高产的基础。但水量过大，一会使根系缺氧，二会给病害发生创造条件，三会降低地温，协调二者之间的矛盾，决定于灌溉方式。冬季浇水的要点是："三看"(看天、天地、看苗情)和"五不能"(一不能早浇，二不能晚浇，三不能勤浇，四不能阴天浇,五不能降温期浇)。11 月份,一定要在中午 9 时半以后,下午 2 时半之前浇水。当天浇不完要停浇,到第二天同样的时间内再进行。并注意浇水后的 3 天内放风降湿。

4. 揭盖草帘　是冬天管理主要技术环节。对于冬暖大棚,揭盖草帘要依据光照和作物的生育特性。揭草帘主要强调一个"早"字。只要晴天,天明以后草帘揭得越早对光合作用越有利,揭得越晚损失产量越严重。盖草帘强调一个"巧"字。过早或过晚都对作物不利。主要依据棚内气温,每天下午当气温下降至 18～20℃,就应该及时放帘覆盖,这主要是将一天制造的有机物运往花、果、根、生长点等部位,为本叶片的光合清理车间,否则就会出现有机物积聚在叶片中,叶片肥厚,茎细,坐瓜少,生长缓慢等。

五、草莓栽培应用秸秆生物反应堆和植物疫苗技术操作规程

自从秸秆生物反应堆和植物疫苗技术用于草莓栽培两年来,山东各地平均增产 50%以上,减少化肥农药用量 75%以上,综合成本下降 80%,生长表现为:植物生长健壮,叶片增大,叶色浓绿,抗病性提高,挂果多,个头大,果实上色快,香味浓,含糖量高,上市期提前 10～15 天,收获期延长 40 天。平均市场卖价每千克比对照高出 1 元。常规生产中草莓因受多种线虫的危害,导致烂茎、烂果、烂叶等,造成不同程度的减产。由于接种植物疫苗有效的防治线虫的侵染,减少了农药的使用,很多基地接种手续严格,已做到不用农药,深受广大农民和消费者欢迎。目前草莓栽培应用秸秆生物反应堆的方式有内置式、外置式、内外置结合式 3 种,其操作顺序如下。

(一)先做内置式秸秆生物反应堆

时间分两个阶段:6～7 月份和 10～11 月份。麦收后草莓换茬时,在两定植垄间的沟内,放入麦秸、玉米秸、棉柴、杂草、饼肥、牛粪、羊粪

等，厚度 30～40 cm，每沟秸秆上，将拌好的菌种均匀撒施一层，并用锹拍振一遍，使菌种与秸秆密切接触，再将两垄的土壤回填于秸秆上，土层厚度 10～15 cm，使整个内置反应堆成为一条新的种植垄，依次进行。待全棚或地块做完后进行大水浸灌，浇后 3 天开始用 12# 钢筋打孔，孔距 20 cm，孔深以穿透秸秆层为准，每垄打孔两行，浇水每隔20 天大灌一次，3～4 次即可。经过一个夏季，秸秆转化成大量二氧化碳、抗病孢子、矿物质和有机质等，贮存于土壤中，为草莓前期生长提供各种营养。这种方式每 667 m^2 用菌种量 4 kg，麦麸 80 kg。

（二）冬暖式大棚冬定植后续做内置式秸秆生物反应堆

等待秋收后，利用各种秸秆，在已定植的两垄沟中，起土 10～15 cm，续加秸秆，厚度 25～30 cm，秸秆上面撒一层菌种，用锹拍振一遍，把所起土壤回填到秸秆上，依次进行完毕。然后灌大水浇透，待 3 天后打孔，孔距 20 cm，孔深以穿透秸秆厚为准，每沟打两行即可。这种方式每亩菌种用量 4 kg，麦麸 80 kg。这种续加内置反应堆主要为中后草莓期生长补充二氧化碳，各种营养，增加地温，促进早熟，延迟生育期。生长期间的田间管理同常规法。以上所用菌种处理方法是在使用的前一天，把菌种、麦麸和水按 1∶20∶18 的比例，充分混合拌匀，以手一挤滴水为宜，堆积湿润 24 h 使用。

定植前 2 天将疫苗、麦麸和水按 1∶30∶26 的比例混合拌匀，然后摊放 10 cm 厚让其吸水滋润，待定植时将滋润后的疫苗，再充分掺拌一遍开始接种，在每个定植穴内放一把并与土壤掺匀，放苗覆土浇水。为使疫苗及时进入草莓肌体内，定植后第 4 天，每穴还要补浇一碗水。

植物疫苗用量每 667 $m^2$2 kg。植物疫苗的正确使用，可以有效地防治线虫和一般病害的发生，单此一项就能增产 30%以上。

（三）外置式秸秆生物反应堆的操作方法

据测定，草莓是一种需求二氧化碳数量较高的作物，当供应足够的二氧化碳时，有无限的增产潜力。单一内置虽能显著增产，但还不能满足需要，有电力条件的地方还要建造外置式秸秆生物反应堆，具体操作方法：在棚内一山墙内侧，离开山墙 60 cm，开挖一条南北与山墙长度相等，宽 1 m，深 0.8 m 的沟，用单砖水泥砌垒或用 8 丝农膜铺沟替代，在一头从沟底到高出地面 20 cm 垒一个底为 50 cm×50 cm，顶为 45 cm圆形二氧化碳交换机底座。另一头留 30 cm×30 cm 的回气孔，然后在沟上每隔 50 cm 横放一根木棍或水泥杆。在杆上每隔 20 cm 纵向拉一道固定铁丝，在铁丝上面铺放秸秆，每铺放 40 cm 厚，撒一层拌好的菌种，连续操作 3 层，最终淋水湿透，盖膜保湿，做完后当天就要开机抽气循环供氧，以便为反应堆的秸秆快速转化提供充足的氧气。

开机时间：苗期每天(9:00～15:00)6 h；花期每天(8:00～16:00) 8 h；结果期每天(8:00～17:00)9 h。

秸秆与菌种用量：外置反应堆每 667 m^2 一次秸秆用量 2 000 kg，菌种 2 kg，每 50 天加 1 次。全生育期共加秸秆 3 次，秸秆总量6 000 kg，菌种总量 6 kg。

定期向反应堆中补水，春秋两季每隔 7～8 天补水一次，冬季每隔 12～15 天补水一次，每次水量以充分湿透秸秆为准。

充分用好反应液是增产防病的重要环节，反应堆沟中的液体经二次在反应堆中循环淋浇后，即可取出对水(1∶1)喷施叶面，每月 3～4 次为宜；另一种用法是结合每次浇水进行灌根。

重视反应渣的利用是促早发，防根病的关键，反应堆经过反应后的余渣，在加新秸秆之前清理出来，堆积腐熟后，待定植时一穴放一把或在草莓棵的周围追施，其效果是任何化肥、有机肥所不能相比的。

六、两个应用典型

(一)不施化肥农药 草莓高产优质

2005 年，济南市历城区郭店镇的草莓种植户在悄悄地议论一种“神奇”的草莓种植新技术，不用化肥，不用农药，用的是秸秆和菌种，而草莓生长健壮，叶片增大，叶色浓绿鲜亮，没有病害，常规生产中由多种线虫危害导致的烂茎、烂果、烂叶等现象消失了。挂果多，个头大，果实上色快鲜艳，香味浓，含糖量提高 1%～2%，上市期提前 10～15 天，收获期延长 40 天，平均市场卖价每千克比对照高出 1 元，和常规技术的临棚相比效益翻了番。原来，孙孩村草莓种植户是从《农业知识》学了这项新技术——秸秆生物反应堆和植物疫苗技术。

2003 年冬天，王勇看到《农业知识》介绍一项用秸秆种植草莓的新技术，能使大棚草莓增产、增收，改善品质。抱着试试看的态度，他找技术员帮他做了秸秆反应堆。他按照要求，400 m^2 的大棚草莓行间用了 3 000 kg 玉米秸秆，菌种 2 kg，化肥和有机肥各减半总投入 800 元，生长管理过程中，在苗期喷过 2 次农药，用了 40 元。虽然在初次使用这项技术的过程中，他操作并不十分规范，但还是获得了 11 000 元纯收入的好收成，而邻棚只收入 5 800 元。2004 年 9 月底，他在去年种植的基础上，采用行下内置法，没用任何化肥和有机肥，只用了 6 000 kg 玉米秸秆，3 kg 菌种，1 kg 植物生防疫苗，而且全生育期没喷一次农药，没追一次化肥，尽管前段时间阴天较多，受几次寒流影响气温较低，但草莓没有病害，生长得出奇的好，收益也直线上升，截止 2005 年 4 月 5 日，纯收入已达 10 000 元，按去年经验和目前长势，收到 5 月底，还能收入 5 000 元，而临棚总收入最多也就是 6 000 元，除去成本 1 000 多元，纯收入不到 5 000 元。

王勇的草莓增收了，他非常高兴，自豪地说："批发市场上没有一份草莓比我的个头大，没有一份比我的色红、色亮，也没有一份比我的好吃！现在每天接买草莓的电话好几个，供不应求，反应堆技术让我发了大财。"许多草莓种植户纷纷表示，反应堆技术真神了，来年一定也要用该技术种草莓。

(二)用上秸秆反应堆 草莓效益翻一番

山东平度市张戈庄镇宋家营村陈明存种植大棚草莓已有几年的历史，他家草莓大棚的面积是六分半地，每年的收入都在 5 500 元左右，今年的收入却翻了一番，达到了 11 000 元。听到这个结果，很多棚农会认为，他今年一定是施肥量大，农药喷得多，病害防治及时。恰恰相反，他今年的施肥量比往年少 40%，灰霉病没有发生，白粉病很轻，几乎没有打农药，投资少了，收入反而多了，原因是，他今年的大棚草莓使用了高科技秸秆生物反应堆技术。

近年来，所有大棚种植户都遇到了三大难题：第一个难题是，为使大棚提高产量，施肥量越来越大，结果是产量不但不提高，反而下降，也有的棚户知道，要想提高大棚产量应提高大棚内 CO_2 浓度，可又找不到好的办法；第二个难题是，冬天地温提不上来，20 cm 地温想提高一度都非常困难，寒冷的冬季大棚作物不能正常生长；第三个难题是，病害越来越多重，虽然不停地喷药防治，还是避免不了因病害造成的减产。应用秸秆生物反应堆技术就能较轻松地解决这三个难题。

秸秆生物反应堆技术有四大作用：一是释放大量 CO_2，每千克秸秆分解后能放 1.1 kg 二氧化碳，可使大棚内二氧化碳浓度提高 4～6 倍，产量必然提高；二是释放热量，每千克秸秆在分解过程中释放 727 kJ 的热量，能使大棚内 20 cm 地温提高 4～6 ℃；三是在秸秆分解的同时，产生大量抗病微生物孢子，分散在大棚内可生物防治病虫害，有效率达 65%以上；四是有机改良土壤，秸秆分解后剩下 13%～20%的残渣，里面除含有大量有机质外，还含有植物生长所必需的 10 多种营养元素和抗病微生物孢子，可有效地改良土壤，连续 3 年使用秸秆生物反应堆技术，完全可以达到不再施用化肥。这也为生产有机无公害大棚果菜创出了一条新路。

陈明存的大棚草莓是 9 月 10 号定植的，比本村其他棚晚定植 20 天，但草莓上市时间却晚不了几天，于 12 月初上市。由于他家的草莓个头大，平均每个 50 g 以上，大个的有 125 g 重、上色好、发亮、含糖量高、好吃，所以每次客户到大棚区收草莓时，他家草莓的价钱始终比别人家的高。看到陈明存家大棚草莓应用秸秆生物反应堆技术的结果，周围大棚的棚农都表示，下一茬草莓也一定用上这项高新技术。

提示问答

1. 秸秆生物反应堆技术效应是什么?
2. 如何建造标准化秸秆生物反应堆?
3. 秸秆生物反应堆的标准化管理技术?
4. 该项技术在草莓上如何应用?

附录

无公害农产品管理办法

第一章　总　　则

第一条　为加强对无公害农产品的管理，维护消费者权益，提高农产品质量，保护农业生态环境，促进农业可持续发展，制定本办法。

第二条　本办法所称无公害农产品，是指产地环境、生产过程和产品质量符合国家有关标准和规范的要求，经认证合格获得认证证书并允许使用无公害农产品标志的未经加工或者初加工的食用农产品。

第三条　无公害农产品管理工作，由政府推动，并实行产地认定和产品认证的工作模式。

第四条　在中华人民共和国境内从事无公害农产品生产、产地认定、产品认证和监督管理等活动，适用本办法。

第五条　全国无公害农产品的管理及质量监督工作，由农业部门、国家质量监督检验检疫部门和国家认证认可监督管理委员会按照“三定”方案赋予的职责和国务院的有关规定，分工负责，共同做好工作。

第六条　各级农业行政主管部门和质量监督检验检疫部门应当在政策、资金、技术等方面扶持无公害农产品的发展，组织无公害农产品新技术的研究、开发和推广。

第七条　国家鼓励生产单位和个人申请无公害农产品产地认定和产品认证。

实施无公害农产品认证的产品范围由农业部、国家认证认可监督管理委员会共同确定、调整。

第八条　国家适时推行强制性无公害农产品认证制度。

第二章　产地条件与生产管理

第九条　无公害农产品产地应当符合下列条件：

（一）产地环境符合无公害农产品产地环境的标准要求；

（二）区域范围明确；

（三）具备一定的生产规模。

第十条　无公害农产品的生产管理应当符合下列条件：

（一）生产过程符合无公害农产品生产技术的标准要求；

（二）有相应的专业技术和管理人员；

（三）有完善的质量控制措施，并有完整的生产和销售记录档案。

第十一条　从事无公害农产品生产的单位或者个人，应当严格按规定使用农业投入品。禁止使用国家禁用、淘汰的农业投入品。

第十二条　无公害农产品产地应当树立标示牌，标明范围、产品品种、责任人。

第三章　产地认定

第十三条　省级农业行政主管部门根据本办法的规定负责组织实施本辖区内无公害农产品产地的认定工作。

第十四条　申请无公害农产品产地认定的单位或者个人（以下简称申请人），应当向县级农业行政主管部门提交书面申请，书面申请应当包括以下内容：

（一）申请人的姓名（名称）、地址、电话号码；

（二）产地的区域范围、生产规模；

（三）无公害农产品生产计划；

（四）产地环境说明；

（五）无公害农产品质量控制措施；

（六）有关专业技术和管理人员的资质证明材料；

（七）保证执行无公害农产品标准和规范的声明；

（八）其他有关材料。

第十五条 县级农业行政主管部门自收到申请之日起，在10个工作日内完成对申请材料的初审工作。

申请材料初审不符合要求的，应当书面通知申请人。

第十六条 申请材料初审符合要求的，县级农业行政主管部门应当逐级将推荐意见和有关材料上报省级农业行政主管部门。

第十七条 省级农业行政主管部门自收到推荐意见和有关材料之日起，在10个工作日内完成对有关材料的审核工作，符合要求的，组织有关人员对产地环境、区域范围、生产规模、质量控制措施、生产计划等进行现场检查。

现场检查不符合要求的，应当书面通知申请人。

第十八条 现场检查符合要求的，应当通知申请人委托具有资质资格的检测机构，对产地环境进行检测。

承担产地环境检测任务的机构，根据检测结果出具产地环境检测报告。

第十九条 省级农业行政主管部门对材料审核、现场检查和产地环境检测结果符合要求的，应当自收到现场检查报告和产地环境检测报告之日起，30个工作日内颁发无公害农产品产地认定证书，并报农业部和国家认证认可监督管理委员会备案。

不符合要求的，应当书面通知申请人。

第二十条 无公害农产品产地认定证书有效期为3年。期满需要继续使用的，应当在有效期满90日前按照本办法规定的无公害农产品产地认定程序，重新办理。

第四章 无公害农产品认证

第二十一条 无公害农产品的认证机构，由国家认证认可监督管理委员会审批，并获得国家认证认可监督管理委员会授权的认可机构的资格认可后，方可从事无公害农产品认证活动。

第二十二条 申请无公害产品认证的单位或者个人（以下简称申请人），应当向认证机构提交书面申请，书面申请应当包括以下内容：

（一）申请人的姓名（名称）、地址、电话号码；

（二）产品品种、产地的区域范围和生产规模；

（三）无公害农产品生产计划；

（四）产地环境说明；

（五）无公害农产品质量控制措施；

（六）有关专业技术和管理人员的资质证明材料；

（七）保证执行无公害农产品标准和规范的声明；

（八）无公害农产品产地认定证书；

（九）生产过程记录档案；

（十）认证机构要求提交的其他材料。

第二十三条　认证机构自收到无公害农产品认证申请之日起，应当在15个工作日内完成对申请材料的审核。

材料审核不符合要求的，应当书面通知申请人。

第二十四条　符合要求的，认证机构可以根据需要派员对产地环境、区域范围、生产规模、质量控制措施、生产计划、标准和规范的执行情况等进行现场检查。

现场检查不符合要求的，应当书面通知申请人。

第二十五条　材料审核符合要求的、或者材料审核和现场检查符合要求的（限于需要对现场进行检查时），认证机构应当通知申请人委托具有资质资格的检测机构对产品进行检测。

承担产品检测任务的机构，根据检测结果出具产品检测报告。

第二十六条　认证机构对材料审核、现场检查（限于需要对现场进行检查时）和产品检测结果符合要求的，应当在自收到现场检查报告和产品检测报告之日起，30个工作日内颁发无公害农产品认证证书。

不符合要求的，应当书面通知申请人。

第二十七条　认证机构应当自颁发无公害农产品认证证书后30个工作日内，将其颁发的认证证书副本同时报农业部和国家认证认可监督管理委员会备案，由农业部和国家认证认可监督管理委员会公告。

第二十八条　无公害农产品认证证书有效期为3年。期满需要继续使用的，应当在有效期满90日前按照本办法规定的无公害农产品认证程序，重新办理。

在有效期内生产无公害农产品认证证书以外的产品品种的，应当向原无公害农产品认证机构办理认证证书的变更手续。

第二十九条　无公害农产品产地认定证书、产品认证证书格式由农业部、国家认证认可监督管理委员会规定。

第五章　标志管理

第三十条　农业部和国家认证认可监督管理委员会制定并发布《无公害农产品标志管理办法》。

第三十一条　无公害农产品标志应当在认证的品种、数量等范围内使用。

第三十二条　获得无公害农产品认证证书的单位或者个人，可以在证书规定的产品、包装、标签、广告、说明书上使用无公害农产品标志。

第六章　监督管理

第三十三条　农业部、国家质量监督检验检疫总局、国家认证认可监督管理委员会和国务院有关部门根据职责分工依法组织对无公害农产品的生产、销售和无公害农产品标志使用等活动进行监督管理。

（一）查阅或者要求生产者、销售者提供有关材料；

（二）对无公害农产品产地认定工作进行监督；

（三）对无公害农产品认证机构的认证工作进行监督；

（四）对无公害农产品的检测机构的检测工作进行检查；

（五）对使用无公害农产品标志的产品进行检查、检验和鉴定；

（六）必要时对无公害农产品经营场所进行检查。

第三十四条　认证机构对获得认证的产品进行跟踪检查，受理有关的投诉、申诉工作。

第三十五条　任何单位和个人不得伪造、冒用、转让、买卖无公害农产品产地认定证书、产品认证证书和标志。

第七章　罚　　则

第三十六条　获得无公害农产品产地认定证书的单位或者个人违反本办法，有下列情形之一的，由省级农业行政主管部门予以警告，并责令限期改正；逾期未改正的，撤销其无公害农产品产地认定证书：

（一）无公害农产品产地被污染或者产地环境达不到标准要求的；

（二）无公害农产品产地使用的农业投入品不符合无公害农产品相关标准要求的；

（三）擅自扩大无公害农产品产地范围的。

第三十七条　违反本办法第三十五条规定的，由县级以上农业行政主管部门和各地质量监督检验检疫部门根据各自的职责分工责令其停止，并可处以违法所得 1 倍以上 3 倍以下的罚款，但最高罚款不得超过 3 万元；没有违法所得的，可以处 1 万元以下的罚款。

第三十八条　获得无公害农产品认证并加贴标志的产品，经检查、检测、鉴定，不符合无公害农产品质量标准要求的，由县级以上农业行政主管部门或者各地质量监督检验检疫部门责令停止使用无公害农产品标志，由认证机构暂停或者撤销认证证书。

第三十九条　从事无公害农产品管理的工作人员滥用职权、徇私舞弊、玩忽职守的，由所在单位或者所在单位的上级行政主管部门给予行政处分；构成犯罪的，依法追究刑事责任。

第八章　附　　则

第四十条　从事无公害农产品的产地认定的部门和产品认证的机构不得收取费用。

检测机构的检测、无公害农产品标志按国家规定收取费用。

第四十一条　本办法由农业部、国家质量监督检验检疫总局和国家认证认可监督管理委员会负责解释。

第四十二条　本办法自发布之日起施行。

二〇〇二年四月二十九日发布

无公害食品　草莓

1　范围

本标准规定了无公害食品草莓的技术要求、试验方法、检验规则、标志、包装、运输和贮存。

本标准适用于无公害食品鲜草莓。

2 规范性引用文件

下列文件中的条款通过本标准的引用而成为本标准的条款。凡是注日期的引用文件，其随后所有的修改单（不包括勘误的内容）或修订版均不适用于本标准，然而，鼓励根据本标准达成协议的各方使用些文件的最新版本。凡是不注日期的引用文件，其最新版本适用于本标准。

GB/T 5009.11 食品中总砷的测定方法

GB/T 5009.12 食品中铅的测定方法

GB/T 5009.15 食品中镉的测定方法

GB/T 5009.17 食品中总汞的测定方法

GB/T 5009.20 食品中有机磷农药残留量的测定方法

GB/T 5009.38 蔬菜、水果卫生标准的分析方法

GB 14875 食品中辛硫磷农药残留量的测定方法

GB /T 17332 食品中有机氯和拟除虫菊酯类农药多种残留的测定

3　要求

3.1　感官要求

果实新鲜洁净，无尘埃泥物，无外来水分；无萎蔫变色、腐烂、霉变、异味、病虫害、明显碰压伤；无汁液浸出。

3.2 卫生要求

应符合表1的规定。

表1 无公害食品草莓卫生指标

项 目	指 标/(mg/kg)
乐果(dimethoate)	≤1
辛硫磷(phoxim)	≤0.05
杀螟硫磷(fenitrothion)	≤0.5
氰戊菊酯(fenvalerate)	≤0.2
多菌灵(carbendazim)	≤0.5
砷(以As计)	≤0.5
汞(以Hg计)	≤0.01
铅(以Pb计)	≤0.2
镉(以Cd计)	≤0.03

注:凡国家规定禁用的农药,不得检出。

4 试验方法

4.1 感官要求的检测

新鲜度、腐烂、异味、霉变、碰压伤及病虫害等,用感官检测。

4.2 卫生要求的检测

4.2.1 乐果、杀螟硫磷按GB/T 5009.20规定执行。

4.2.2 辛硫磷按GB 14875规定执行。

4.2.3 氰戊菊酯按GB/T 17332规定执行。

4.2.4 多菌灵按GB/T 5009.38规定执行。

4.2.5 砷按GB/T 5009.11规定执行。

4.2.6 汞按GB/T 5009.17规定执行。

4.2.7 铅按GB/T 5009.12规定执行。

4.2.8 镉按GB/T 5009.15规定执行。

5 检验规则

5.1 检验分类

5.1.1 型式检验:型式检验是对产品进行全面考核,即对本标准规定的全部要求进行检验。有下列情形之一者应进行检验:

①国家质量监督机构或行业主管部门提出型式检验要求;

②因人为或自然因素使生产环境发生较大变化;

③前后两次抽样差异大,且因素不稳定时。

5.1.2 交收检验:每批产品交收前,生产单位都要进行交收检验。交收检验内容包括感官、标志和包装。检验合格并附合格证后方可验收。

5.2 组批

同一产地、同时采收的草莓作为一个检验批次。

5.3 抽样方法

5.3.1 抽取样品应具有代表性,在整批货物的不同部位按下面规定的数量抽取样品,检验结果适用于整个检验批次。

5.3.2 抽样数量:抽样以箱或盒为单位。50 箱以内的货物抽取 2 箱,51～100 箱抽取 3 箱,100 箱以上按 100 箱计抽取 3 箱为基数,每增加 100 箱抽样相应增加 1 箱,增加不足 100 箱的以 100 箱计。每箱随机取 4 盒。

5.3.3 报检单填写的项目应与实货相符,凡与实货不符,品种、规格混淆不清,包装容器严重损坏者,应由交货单位重新整理后再行抽样。

5.4 判定规则

5.4.1 每批受检样品抽样检验时,对有缺陷的样品做记录,不合格百分率按有缺陷的果重计算。每批受检样品的平均不合格率不应超过 5%。

5.4.2 卫生指标有一项不合格,该批次产品为不合格品。

6 标志、包装、贮存和运输

6.1 标志

6.1.1 同批货物的包装标志在形式和内容上应统一。

6.1.2 每一包装上应标明产品名称、产地、采摘日期、生产单位和经销单位名称，标志上的字迹应清晰、完整、准确。

6.2 包装

6.2.1 内包装采用符合食品卫生要求的纸盒或塑料小包装盒。外包装箱应坚固抗压、清洁卫生、干燥、无异味，对产品具有良好的保护作用，有通风气孔。

6.2.2 应按同品种、同规格分别包装。

6.2.3 每批报验的草莓其包装规格、质量应一致。以每小盒 0.2～0.3 kg，每 4 盒装一小箱，5 小箱装一大箱为宜。

6.3 贮存与运输

6.3.1 运输时做到轻装、轻卸，防机械损伤。长途运输必须用硬质包装箱，用减震性能好的冷藏车或有篷卡车，有篷卡车以清晨与傍晚气温较低时运输为宜。

6.3.2 草莓应随采随销。不能立即销售的，应置通风、凉爽、洁净处存放，存放时间不超过 2 天；或在 0～2℃下冷藏，贮藏时间不超过 5 天。

无公害食品　草莓生产技术规程
NY/T 5105—2002

1　范围

本标准规定了无公害食品草莓的生产技术。

本标准适用于无公害食品草莓的生产。

2　规范性引用文件

下列文件中的条款通过本标准的引用而成为本标准的条款。凡是注日期的引用文件，其随后所有的修改单（不包括勘误的内容）或修订版均不适用于本标准，然而，鼓励根据本标准达成协议的各方研究是否可使用这些文件的最新版本。凡是不注日期的引用文件，其最新版本适用于本标准。

GB 4285 农药安全使用标准

GB/T 8321（所有部分）农药合理使用准则

NY/T 444—2001 草莓

NY/T 496—2002 肥料合理使用准则 通则

NY 5104 无公害食品 草莓产地环境条件

中华人民共和国农业部公告 第194号（2002年4月22日）

中华人民共和国农业部公告 第199号（2002年5月24日）

3　要求

3.1　产地环境

3.1.1　产地环境质量：无公害草莓生产的产地环境条件应符合NY 5104的规定。

3.1.2　土壤条件：土层较深厚，质地为壤质，结构疏松，微酸性或中性土壤，有机质含量在 15 g/kg 以上，排灌方便。

3.2　施肥原则及允许使用的肥料

3.2.1　施肥原则：按 NY/T 496—2002 规定执行。使用的肥料应是在农业行政主管部门已经登记或免于登记的肥料。限制使用含氯复合肥。

3.2.2　允许使用的肥料种类

3.2.2.1　有机肥料：包括堆肥、沤肥、厩肥、沼气肥、绿肥、作物秸秆肥、泥炭肥、饼肥、腐殖酸类肥、人畜废弃物加工而成的肥料等。

3.2.2.2　微生物肥料：包括微生物制剂和微生物处理肥料等。

3.2.2.3　化肥：包括氮肥、磷肥、钾肥、硫肥、钙肥、镁肥及复合（混）肥等。

3.2.2.4　叶面肥：包括大量元素类、微量元素类、氨基酸类、腐殖酸类肥料。

3.3　栽培方式

草莓栽培分为设施栽培和露地栽培两大类。我国草莓设施栽培的主要类型有：日光温室促成栽培、塑料大棚促成栽培、日光温室半促成栽培、塑料大棚半促成栽培及塑料拱棚早熟栽培。

3.4　品种选择

促成栽培选择休眠浅的品种，半促成栽培选择休眠较深或休眠深的品种。北方露地栽培选择休眠深或较深的品种，南方露地栽培选择休眠浅或较浅的品种。品种选择时还应考虑品种的抗性、品质等性状。

3.5　育苗

3.5.1　母株选择：选择品种纯正、健壮、无病虫害的植株作为繁殖生产用苗的母株，建议使用脱毒苗。

3.5.2　母株定植

3.5.2.1　定植时间：春季日平均气温达到 10℃以上时定植母株。

3.5.2.2　苗床准备：每 667 m^2 施腐熟有机肥 5 000 kg，耕匀耙细后做成宽 1.2～1.5 m的平畦或高畦。

3.5.2.3　定植方式：将母株单行定植在畦中间，株距 50～80 cm。植株栽植的合理深度是苗心茎部与地面平齐，做到深不埋心，浅不露根。

3.5.3　苗期管理：定植后要保证充足的水分供应。为促使早抽生、多抽生匍匐茎，在母株成活后可喷施一次赤霉素(GA3)，浓度为50 mg/L。匍匐茎发生后，将匍匐茎在母株四周均匀摆布，并在生苗的节位上培土压蔓，促进子苗生根。整个生长期要及时人工除草，见到花序立即去除。

3.5.4　假植育苗

3.5.4.1　假植育苗方式：草莓假植育苗有营养钵假植和苗床假植两种方式，在促进花芽提早分化方面，营养钵假植育苗优于苗床假植育苗。

建议促成栽培和半促成栽培采用假植育苗方式。

3.5.4.2　营养钵假植育苗

3.5.4.2.1　营养钵假植：在6月中旬至7月中下旬，选取二叶一心以上的匍匐茎子苗，栽入直径10 cm或12 cm的塑料营养钵中。育苗土为无病虫害的肥沃表土，加入一定比例的有机物料，以保持土质疏松。适宜的有机物料主要有草炭、山皮土、炭化稻壳、腐叶、腐熟秸秆等，可因地制宜，取其中之一。另外，育苗土中加入优质腐熟农家肥20 kg/m^3。将栽好苗的营养钵排列在架子上或苗床上，株距15 cm。

3.5.4.2.2　假植苗管理：栽植后浇透水，第一周必须遮荫，定时喷水以保持湿润。栽植10天后叶面喷施一次0.2%尿素，每隔10天喷施一次磷钾肥。及时摘除抽生的匍匐茎和枯叶、病叶，并进行病虫害综合防治。后期，苗床上的营养钵苗要通过转钵断根。

3.5.4.3　苗床假植育苗

3.5.4.3.1　苗床假植：苗床宽1.2 m，每667 m^{2}施腐熟有机肥3 000 kg，并加入一定比例的有机物料。在6月下旬至7月中下旬选择具有三片展开叶的匍匐茎苗进行栽植，株行距15 cm×15 cm。

3.5.4.3.2　假植苗管理：适当遮荫。栽后立即浇透水，并在3天内每天喷两次水，以后见干浇水以保持土壤湿润。栽植10天后叶面喷施一次0.2%尿素，每隔10天喷施一次磷钾肥。及时摘除抽生的匍匐茎和枯叶、病叶，并进行病虫害综合防治。8月下旬至9月初进行断根处理。

3.5.5 壮苗标准：具有四片以上展开叶，根茎粗度 1.2 cm 以上，根系发达，苗重 20 g 以上，顶花芽分化完成，无病虫害。

3.6 生产苗定植

3.6.1 土壤消毒：采用太阳热消毒的方式。具体的操作方法：将基肥中的农家肥施入土壤，深翻，灌透水，土壤表面覆盖地膜或旧棚膜。为了提高消毒效果，建议棚室土壤消毒在覆盖地膜或旧棚膜的同时扣棚膜，密封棚室。土壤太阳热消毒在 7、8 月份进行，时间至少为 40 天。

3.6.2 定植时期：假植苗在顶花芽分化后定植，通常是在 9 月 20 日前后定植。对于非假植苗，北方棚室栽培在 8 月下旬至 9 月初定植，南方大棚栽培在 9 月中旬至 10 月初定植，北方露地栽培在 8 月上中旬定植，南方露地栽培在 10 月中旬定植。四季品种在 8 月上中旬定植。

3.6.3 栽植方式：采用大垄双行的栽植方式，一般垄台高 30～40 cm，上宽 50～60 cm，下宽 70～80 cm，垄沟宽 20 cm。株距 15～18 cm，小行距 25～35 cm。棚室栽培每 667 m^2 定植 7 000～9 000 株，露地栽培每 667 m^2 定植 8 000～10 000 株。

3.7 栽培管理

3.7.1 促成栽培管理技术

3.7.1.1 保温

3.7.1.1.1 棚膜覆盖：北方日光温室覆盖棚膜是在外界最低气温降到 8～10 ℃的时候。南方塑料大棚覆盖棚膜是在平均气温降到 17℃的时候，温度低时在大棚内搭小拱棚保温。

3.7.1.1.2 地膜覆盖：顶花芽显蕾时覆盖黑色地膜。盖膜后，立即破膜提苗。

3.7.1.2 棚室内温湿度调节

3.7.1.2.1 温度调节

现蕾前：白天 26～28℃，夜间 15～18℃。

现蕾期：白天 25～28℃，夜间 8～12℃。

花期：白天 22～25℃，夜间 8～10℃。

果实膨大期和成熟期：白天20～25℃，夜间5～10℃。

3.7.1.2.2 湿度调节：整个生长期都要尽可能降低棚室内的湿度。开花期，白天的相对湿度保持在50%～60%。

3.7.1.3 水肥管理

3.7.1.3.1 灌溉：采用膜下灌溉方式，最好采用膜下滴灌。定植时浇透水，1周内要勤浇水，覆盖地膜后以“湿而不涝，干而不旱”为原则。

3.7.1.3.2 施肥

基肥：每667 m^2 施农家肥5 000 kg及氮磷钾复合肥50 kg，氮磷钾的比例以15∶15∶10为宜。

追肥：每一次追肥，顶花序现蕾时；第二次追肥，顶花序果开始膨大时；第三次追肥，顶花序果采收前期；第四次追肥，顶花序果采收后期；以后每隔15～20天追肥一次。追肥与灌水结合进行。肥料中氮磷钾配合，液肥浓度以0.2%～0.4%为宜。

3.7.1.4 赤霉素(GA_3)处理：对于休眠深草莓品种，为了防止植株休眠，在保温一周后往苗心处喷 GA_3，浓度为5～10 mg/L，每株喷约5 mL。

3.7.1.5 植株管理

摘叶和除匍匐茎：在整个发育过程中，应及时摘除匍匐茎和黄叶、枯叶、病叶。

掰芽：在顶花序抽出后，选留1～2个方位好而壮的腋芽保留，其余掰掉。

掰花茎：结果后的花序要及时去掉。

疏花疏果：花序上高级次的无效花、无效果要及早疏除，每个花序保留7～12个果实。

3.7.1.6 放养蜜蜂：花前一周在棚室中放入1～2箱蜜蜂，蜜蜂数量以一株草莓一只蜜蜂为宜。

3.7.1.7 二氧化碳气体施肥：二氧化碳气体施肥在冬季晴天的午前进行，施放时间2～3 h，浓度700～1 000 mg/L。

3.7.1.8 电灯补光：为了延长日照时数，维持草莓植株的生长势，建议采用电灯补光。每 667 m^2 安装 100 W 白炽灯泡 40～50 个，12 月上旬至 1 月下旬期间，每天在日落后补光 3～4 h。

3.7.2　北方日光温室和南方塑料大棚半促成栽培管理技术

3.7.2.1　保温：南方塑料大棚半促成栽培在 1 月上中旬以后开始覆盖棚膜保温。北方日光温室半促成栽培在 12 月中旬至 1 月上旬开始保温。

3.7.2.2　棚室内温湿度调节同 3.7.1.2。

3.7.2.3　水肥管理

3.7.2.3.1　灌溉：对于南方塑料大棚半促成栽培，定植后及时灌水，扣棚前灌透水，扣棚后膜下灌溉；对于北方日光温室半促成栽培，定植后及时灌水，上冻前灌封冻水。保温后的灌水总体上做到"湿而不涝，干而不旱"。

3.7.2.3.2　施肥

基肥：每 667 m^2 施农家肥 5 000 kg 及氮磷钾复合肥50 kg，氮磷钾的比例以 15∶15∶10 为宜。

追肥：第一次追肥，顶花序现蕾时；第二次追肥，顶花序果开始膨大时；第三次追肥，顶花序果采收后期；第四次追肥，第一腋花序果开始膨大时。追肥与灌水结合进行。肥料中氮磷钾配合，液肥浓度以0.2%～0.4%为宜。

3.7.2.4　赤霉素(GA_3)处理：为了促进草莓植株结束休眠，可以在保温后植株开始生长时往苗心处喷 GA_3，浓度为 5～10 mg/L，每株喷约 5 mL。

3.7.2.5　植株管理同 3.7.1.5。

3.7.2.6　放养蜜蜂同 3.7.1.6。

3.7.3　塑料拱棚早熟栽培管理技术

3.7.3.1　越冬防寒：北方拱棚早熟栽培在土壤封冻前扣棚膜，土壤完全封冻时在草莓植株上面覆盖地膜并在地膜上覆盖 10 cm 厚的稻草。

3.7.3.2　保温：南方拱棚栽培在 2 月中旬开始保温；北方拱棚栽培在

3 月上中旬开始保温，植株开始生长后破膜提苗。

3.7.3.3　水肥管理

3.7.3.3.1　灌溉：定植后及时灌水，上冻前灌封冻水，保温后植株开始发新叶时灌一次水。开花前，控制灌水，开花后，通过小水勤浇，保持土壤湿润。

3.7.3.3.2　施肥

基肥：每 667 m^2 施农家肥 3 000～5 000 kg 及氮磷钾复合肥 50 kg，氮磷钾的比例以 15∶15∶10 为宜。

追肥：第一次追肥，顶花序显蕾时；第二次追肥，顶花序果开始膨大时。追肥与灌水结合进行。肥料中氮磷肥配合，液肥浓度以 0.2%～0.4%为宜。

3.7.3.4　植株管理同 3.7.1.5。

3.7.4　露地栽培管理技术

3.7.4.1　越冬防寒：北方地区，在温度降到－5℃前浇一次防冻水，1 周后往草莓植株上覆盖一层塑料地膜，地膜上再压上稻草、秸秆或草等覆盖物，厚度10～12 cm。

3.7.4.2　去除防寒物：北方地区，当春季平均气温稳定在 0℃左右时，分批去除已经解冻的覆盖物。当地温稳定在 2℃以上时，去除其他所有的防寒物。

3.7.4.3　植株管理：春季草莓植株萌发后，破膜提苗。及时摘除病叶、植株下部呈水平状态的老叶、黄化叶及匍匐茎。开花坐果期摘除偏弱的花序，保留 2～3 个健壮的花序。花序上高级次的无效花、无效果要及早疏除，每个花序保留 7～12 个果实。

3.7.4.4　水肥管理

3.7.4.4.1 灌溉：除了结合施肥灌溉外，在植株旺盛生长期、果实膨大期等重要生育期都需要进行灌溉。建议采用微喷设施。

3.7.4.4.2　施肥

基肥：每 667 m^2 施农家肥 3 000～5 000 kg 及氮磷钾复合肥 50 kg，氮磷钾的比例以 15∶15∶10 为宜。

追肥：开花前每 667 m^2 追施尿素 10～15 kg，花后追施磷钾复合肥，果实膨大期每 667 m^2 追施磷钾复合肥 20 kg。

3.8 病虫害防治

3.8.1 主要病虫害

3.8.1.1 主要病害包括白粉病、灰霉病、病毒病、芽枯病、炭疽病、根腐病和芽线虫。

3.8.1.2 主要虫害包括螨类、蚜虫、白粉虱。

3.8.2 防治原则：应以农业防治、物理防治、生物防治和生态防治为主，科学使用化学防治技术。

3.8.3 农业防治

3.8.3.1 选用抗病虫品种：选用抗病虫性强的品种是经济、有效的防治病虫害的措施。

3.8.3.2 使用脱毒种苗：使用脱毒种苗是防治草莓病毒病的基础。此外，使用脱毒原种苗可以有效防止线虫危害发生。

3.8.3.3 栽培管理及生态措施：发现病株、叶、果，及时清除烧毁或深埋；收获后深耕 40 cm，借助自然条件，如低温、太阳紫外线等，杀死一部分土传病菌；深耕后利用太阳热进行土壤消毒；合理轮作。

3.8.4 物理防治

3.8.4.1 黄板诱杀白粉虱和蚜虫：在 100 cm×20 cm 的纸板上涂黄漆，上涂一层机油，每 667 m^2 挂 30～40 块，挂在行间。当板上粘满白粉虱和蚜虫时，再涂一层机油。

3.8.4.2 阻隔防蚜：在棚室放风口处设防止蚜虫进入的防虫网。

3.8.4.3 驱避蚜虫：在棚室放风口处挂银灰色地膜条驱避蚜虫。

3.8.5 生物防治：扣棚后当白粉虱成虫在 0.2 头/株以下时，每 5 天释放丽蚜小蜂成虫 3 头/株，共释放三次丽蚜小蜂，可有效控制白粉虱为害。

3.8.6 生态防治：开花和果实生长期，加大放风量，将棚内湿度降至 50％以下。将棚室温度提高到 35℃，闷棚 2 h，然后放风降温，连续闷棚 2～3 次，可防治灰霉病。

3.8.7　药剂防治:禁止使用高毒、高残留农药,有限度地使用部分有机合成农药。禁止使用农药的种类见附录A。所有使用的农药均应在农业部注册登记。农药安全使用标准和农药合理使用准则参照GB 4285和GB/T 8321(所有部分)执行。保护地优先采用烟熏法、粉尘法,在干燥晴朗天气可喷雾防治,如果是在采果期,应先采果后喷药,同时注意交替用药,合理混用。

3.9　果实采收

3.9.1　果实采收标准:果实表面着色达到70%以上。

3.9.2　采收前准备:果实采收前要做好采收、包装准备。采收用的容器要浅,底部要平,内壁光滑,内垫海绵或其他软的衬垫物。

3.9.3　采收时间:根据草莓果实的成熟期决定采收时间。采收在清晨露水已干至中午或傍晚转凉后进行。

3.9.4　采收操作技术:采收时用拇指和食指掐断果柄,将果实按大小分级摆放于容器内,采摘的果实要求果柄短,不损伤花萼,无机械损伤,无病虫危害。果实分级按NY/T 444—2001中5.1所述的草莓感官品质标准执行。

无公害草莓生产禁止使用的农药*

六六六，滴滴涕，毒杀芬，二溴氯丙烷，杀虫脒，二溴乙烷，除草醚，艾氏剂，狄氏剂，汞制剂，砷、铅类，敌枯双，氟乙酰胺，甘氟，毒鼠强，氟乙酸钠，毒鼠硅，甲胺磷，甲基对硫磷，对硫磷，久效磷，磷胺，甲拌磷，甲基异柳磷，特丁硫磷，甲基硫环磷，治螟磷，内吸磷，克百威，涕灭威，灭线磷，硫环磷，蝇毒磷，地虫硫磷，氯唑磷，苯线磷，氧化乐果，水胺硫磷，灭多威等其他高毒、高残留农药。

---

* 注：摘自《中华人民共和国农业部公告 2002 年第 194 号和第 199 号》。

参考文献

[1] 唐梁楠,等．草莓无公害高效栽培．北京:金盾出版社,2004.3

[2] 王忠和．现代草莓栽培．青岛:青岛出版社,1995.10

[3] 杨洪强．绿色无公害果品生产全编．北京:中国农业出版社,2003.8

[4] 高文胜．无公害果园首选农药100种．北京:中国农业出版社,2003.1

[5] 赵春生,等．草莓设施栽培．北京:中国林业出版社,1998.5

[6] 冯建国,等．无公害果品生产技术．北京:金盾出版社,2000.9

[7] 苏桂林．现代实用果品生产新技术．北京:中国农业出版社,2003.3

[8] 张运涛,等．草莓研究进展(一)．北京:中国农业出版社,2002.12

图书在版编目(CIP)数据

草莓/秦旭主编．—北京：中国农业大学出版社，2006.5
(无公害农产品高效生产技术丛书)
ISBN 7-81117-019-1

Ⅰ.草…　Ⅱ.秦…　Ⅲ.草莓-果树园艺-无污染技术　Ⅳ.S668.4

中国版本图书馆 CIP 数据核字(2006)第 028355 号

书　名　草　莓
作　者　秦　旭　主编

策划编辑	刘　军　赵　中	责任编辑	冯雪梅
版式设计	刘　玮	责任校对	王晓凤　陈　莹
出版发行	中国农业大学出版社		
社　址	北京市海淀区圆明园西路 2 号	邮政编码	100193
电　话	发行部 010-62731190,2620	读者服务部	010-62732336
	编辑部 010-62732617,2618	出　版　部	010-62733440
网　址	http://www.cau.edu.cn/caup	**E-mail**	caup@public.bta.net.cn
经　销	新华书店		
印　刷	北京鑫丰华彩印有限公司		
版　次	2006 年 5 月第 1 版　2009 年 9 月第 4 次印刷		
规　格	890×1 240　32 开本　6.5 印张　176 千字		
印　数	5 001～7 000		
定　价	9.00 元		

图书如有质量问题本社发行部负责调换